LES CAUSERIES SCIENTIFIQUES

DU DOCTEUR NEMO

L'ÉLECTRICITÉ

613

Bresles Marselli

TOLRA ÉDITEUR PARIS

LES CAUSERIES SCIENTIFIQUES DU DOCTEUR NEMO

L'ÉLECTRICITÉ

A LA MÊME LIBRAIRIE

—

OUVRAGES DE LA MÊME COLLECTION

———

La Vie Humaine.
L'Agriculture.
L'Aérostation.

EN PRÉPARATION

L'Océan et ses merveilles.
La Locomotion. (Chemins de fer — automobilisme — vélocipédie.)
Le Monde Céleste et ses mystères.

———

SAINT-AMAND, CHER. — IMPRIMERIE BUSSIÈRE FRÈRES.

S CAUSERIES SCIENTIFIQUES
DU DOCTEUR NÉMO

✳

L'ÉLECTRICITÉ

LIRA EDITE — PARIS

AVANT-PROPOS

L'électricité est, sans contredit, la plus utile et la plus utilisée des branches de la physique. Ses applications varient à l'infini, et tous les jours on en découvre de nouvelles.

Connue dès la plus haute antiquité, l'électricité ne commença à recevoir une application vraiment utile et durable qu'au commencement de ce siècle, lorsque Volta découvrit la pile. A partir de cette époque, les découvertes se succédèrent, avec OErsted, Morse, Ampère, Gramme, etc. Aujourd'hui, ils sont légions les savants qui travaillent à cette science, cherchant dans l'inconnu à découvrir une application nouvelle. Aussi, il n'est personne qui ne s'y intéresse ; il n'est pas d'industrie qui, sous une forme ou sous une autre, n'y ait recours. Tout le monde actuellement se sert de sonneries électriques ; beaucoup ne veulent plus d'autre éclairage que l'éclairage électrique : nombreux sont les abonnés aux téléphones ; et combien emploient l'électricité comme force motrice après l'avoir transportée à de longues distances !

Les sonneries électriques, aussi bien à cause de leur simplicité de pose, du bon marché d'installation et de la commodité pratique de fonctionnement journalier, sont appelées, dans un avenir prochain, à remplacer les sonneries ordinaires dans toutes leurs applications. Il n'est plus d'architecte assez arriéré pour mettre dans une maison neuve une sonnerie autre qu'une sonnerie électrique ; les serruriers dans nombre de pays se sont improvisés électriciens, et placent des sonneries électriques aux lieu et place des sonneries ordinaires. Il est si simple de faire une installation de sonneries électriques ! Un peu de goût et de soin sont seuls nécessaires.

Il ne faut pas, dans les appareils électriques quels qu'ils soient, rechercher le bon marché à outrance ; car on en a toujours pour son argent. Ayez de bons appareils, bien isolés ; faites votre installation avec tout le soin dont vous êtes capables ; apportez toute votre attention aux épissures des fils, aux passages de ces fils dans les murs afin qu'ils ne s'oxydent pas, et votre installation durera de longues années.

Les boutons et les poires, les tirages et les coulisseaux, les pédales, les contacts de sûreté (à équerre ou de feuillure), les interrupteurs et les commutateurs : tels sont les appareils qui servent à établir ou à arrêter le courant électrique ; les sonneries et les tableaux indicateurs sont les appareils récepteurs ; les piles sont les appareils générateurs ; enfin les appareils transmetteurs sont les fils ou câbles.

L'éclairage électrique est l'éclairage de l'avenir. Tous les jours il fait de nouveaux adhérents, et une fois qu'on l'a adopté, on ne peut plus y renoncer ; il est si simple d'appuyer sur un bouton, de tourner un interrupteur pour avoir de la lumière !

Les générateurs d'électricité pour la lumière électrique sont généralement les machines dynamos-électriques, ou, plus simplement, les dynamos. Elles produisent, suivant leur mode de construction, des courants continus ou des courants alternatifs. Les courants continus sont presque toujours employés aujourd'hui dans les petites installations.

Les grandes installations au contraire, les transports de force emploient les courants alternatifs.

L'intensité d'un courant est constatée par les ampère-mètres ; la force électro-motrice par les voltmètres ; il est indispensable, dans toute installation de lumière ayant sa dynamo, d'avoir un voltmètre et un ampère-mètre, afin de pouvoir se rendre compte à chaque moment des conditions de la marche de la machine. Les lampes électriques qui servent à l'éclairage sont de deux sortes : les lampes à incandescence et les lampes à arc.

Les lampes à incandescence sont formées par un fil de charbon enfermé dans une ampoule de verre mince scellée dans un culot de plâtre ou d'autre matière isolante et dont les extrémités sont soudées à de petits fils de platine aboutissant à l'extérieur : on les emploie généralement dans les petites salles, les appartements. Les lampes à arc se composent d'un régulateur agissant au moyen d'un mécanisme sur deux crayons de charbon placés dans le prolongement l'un de l'autre et entre les extrémités desquels jaillit l'arc électrique. Lorsqu'on désire avoir de la lumière à des heures où la machine ne tourne pas, on se sert d'accumulateurs. Les accumulateurs se composent en principe de deux plaques de plomb garnies de sulfate de plomb et baignant dans de l'eau acidulée par l'acide sulfurique : lorsque l'on fait passer entre les deux plaques un courant électrique il se produit une décomposition chimique de l'eau qui agit sur les plaques : si l'on vient à arrêter la production du courant et qu'on réunisse ensuite les deux plaques par un conducteur, il se produit des réactions chimiques dans les accumulateurs qui donnent naissance dans le conducteur à un courant électrique dont on peut se servir pour l'éclairage.

Chaque lampe doit être munie d'un interrupteur destiné

à ouvrir et à fermer le circuit à volonté et d'un coupe-circuit destiné à éviter de graves inconvénients, par suite d'exagération anormale du courant.

Tels sont les principaux appareils employés pour l'éclairage électrique.

Tous les renseignements concernant les appareils d'électricité nous ont été fournis par M. Paul Champion, l'aimable et judicieux constructeur électricien, dont le nom est si honorablement connu et dont l'importante maison occupe une des premières places à Paris.

L'ELECTRICITÉ

LES PREMIÈRES DÉCOUVERTES ÉLECTRIQUES

La découverte des premiers faits électriques appartient aux anciens. Ils avaient reconnu que l'ambre jaune, après avoir été vivement frotté attirait tous les corps légers et secs.

Seulement, il faut bien le dire, c'est à cela que se bornaient toutes leurs connaissances.

C'est ainsi, que 600 ans avant la naissance de N. S. Jésus-Christ, le philosophe grec Thalès parlait de l'existence du phénomène, mais, selon lui, l'ambre avait une âme et il attirait à lui les corps légers « comme par le moyen d'un souffle ».

Le naturaliste Pline, venu six siècles plus tard, n'en connaissait pas davantage là-dessus, car il dit : Quand le frottement a donné à ce corps la chaleur et la vie, il attire les pailles et les feuilles des arbres d'un faible poids.

Ce n'est guère qu'au commencement du xviᵉ siècle que naquit la science de l'Electricité.

On sait que cette science a tiré son nom d'un mot grec qui signifie ambre jaune (*Electron*). Le premier qui s'occupa de la science de l'électricité fut un Anglais, Guillaume Gilbert (1), de Colchester, qui était médecin de la reine d'Angleterre Elisabeth.

Le premier il s'aperçut de l'attraction du fer par l'aimant et publia un beau livre sous le titre *De, Arte magneticá*. Il fit des remarques sur les expériences qui nous paraissent aujourd'hui bien élémentaires. Gilbert pensa que le privilège de l'attraction magnétique n'était pas départi seulement à l'ambre.

En faisant des recherches sur l'aimant, le médecin de la reine s'aperçut de la propriété de différents autres corps.

Il prit une aiguille, pareille à celle dont on se sert pour les boussoles, et la mit en équilibre sur un pivot. Prenant différents corps, il les approcha de cette aiguille après les avoir frottés, et vit ainsi ceux qui possédaient la propriété électrique. Si le corps qu'il avait frotté était

(1) Mort en 1603.

doué de cette propriété il s'en apercevait immédiatement par le mouvement de l'aiguille.

« Faites, disait Guillaume Gilbert, une aiguille de quelque métal que ce soit, de la longueur d'environ trois pouces, légère et très mobile, mettez-là sur un pivot, à la manière des aiguilles aimantées, approchez d'une des extrémités de cette aiguille de l'ambre jaune, ou une pierre précieuse légèrement frottée luisante et polie, l'aiguille se tournera sur le champ. »

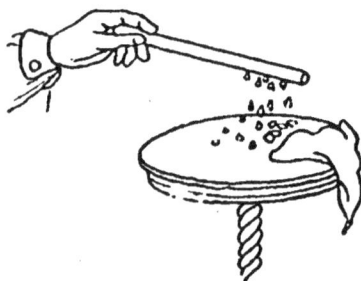

C'est alors que le savant médecin vit que la propriété d'attirer les corps légers après un frottement préalable, n'était pas exclusivement propre à l'ambre, mais qu'elle était aussi commune à la plupart des pierres précieuses, au rubis, à l'opale, au diamant, au saphir, ou cristal de roche, à l'aigue-marine, à l'améthyste. Il trouva aussi cette propriété dans le verre, le soufre, le mastic, la résine, l'arsenic, la cire d'Espagne, l'alun, le talc, le sel gemme. Il finit par voir que toutes ces matières attiraient non-seulement les brins de paille, mais tous les corps légers, tels que les métaux en limaille ou en feuille, les pierres, les feuilles, le bois, les terres et même l'huile et l'eau.

Avec Gilbert l'impulsion était donnée à la science de l'électricité et il n'y avait plus qu'à marcher.

La première machine électrique

Un bourgmestre de Magdebourg, Otto de Guericke (1), celui qui a inventé la première application électrique fut aussi celui qui inventa la première machine électrique.

Il obtint cette première machine en donnant au soufre, substance qui s'électrise beaucoup par le frottement, la forme d'une sphère.

Une manivelle imprimait au globe un mouvement de rotation, elle était mue par une des mains de l'opérateur qui, avec l'autre main, opérait le frottement au moyen d'un morceau de drap.

Dans un ouvrage qu'il écrivit en latin, *Experimenta nova Magdeburgica*, le célèbre bourgmestre, doublé d'un

(1) 1602-1686.

savant, nous donne dans les termes suivants le moyen de faire cette machine :

« Prenez, dit-il, une sphère de verre, ou, comme on dit, une fiole grosse comme une tête d'enfant, mettez-y du soufre concassé en morceaux, dans un mortier, et approchez-le, du feu, de façon à obtenir la fonte du soufre.

« Lorsque le tout est refroidi, cassez le globe de verre pour en retirer la sphère de soufre, que vous conserverez dans un endroit sec ; il faut ensuite percer le dit globe de façon à faire traverser son axe d'une tige de fer.

« Le globe sera alors tout préparé ! (1) »

(1) *Experimenta nova.* Lib. IV, cap. XV, p. 147.

2

Otto de Guericke par le moyen de cette machine s'occupa d'étudier l'*étincelle électrique*, c'est-à-dire, le phénomène lumineux qui accompagne le frottement du globe de soufre ; puis, à travers ses expériences, il remarqua le fait capital qu'un corps léger attiré par le globe de soufre électrisé est immédiatement repoussé aussitôt qu'il a touché ce globe.

Rappelons ici que pour obtenir les étincelles électriques au moyen de cette primitive machine, il fallait frotter le globe avec une pièce de drap dans un lieu obscur.

Les premières découvertes importantes

Au commencement du xviii° siècle, un physicien anglais Hauksbec devait modifier la primitive machine (1) du bourgmestre de Magdebourg et la perfectionner.

Il remplaça le globe de soufre d'Otto de Guericke par un cylindre en verre, auquel on imprimait par une mécanique un mouvement de rotation pendant qu'on le frottait au moyen de la main.

M. de Bremont de l'Académie des sciences s'exprime

(1) En 1709.

comme il suit à propos des expériences d'Hauksbee sur l'électricité dans le *Discours historique et raisonné* qu'il a mis en tête de la traduction des œuvres de ce physicien :

« C'est à M. Hauksbee que nous sommes redevables de la première application des globes ou des cylindres de verre aux expériences électriques. A peine avant lui savait-on d'une manière bien décidée que le verre fût un

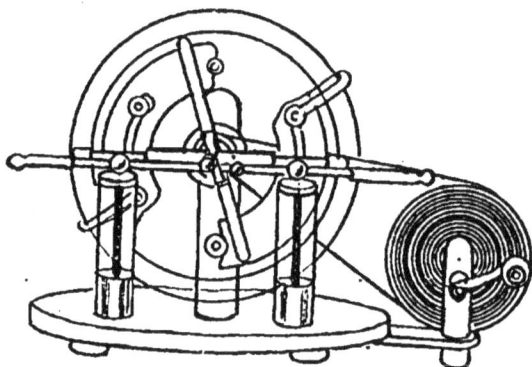

corps électrique. Les académiciens de Florence le relèguent parmi les corps dont la vertu s'annonce par des effets peu sensibles. Quoiqu'il n'ait pas tiré un meilleur parti du globe que du tube qui nous vient du même physicien, cependant les expériences qu'il a faites par son secours avaient ouvert avantageusement la route et ses succès en annonçaient de plus brillants encore. Mais MM. Grey et Dufay abandonnent trop légèrement le globe pour se borner au tube. C'est de nos jours que les physiciens d'Allemagne l'ont repris, ils en ont augmenté et multiplié considérablement les effets.

« Avec cet appareil que nous venons de décrire, M. Hauksbec fit des découvertes très intéressantes. Lorsqu'il appliquait sa main sur le récipient extérieur, tandis qu'il avait reçu un mouvement rapide la lumière exprimée par le frottement s'élançait par des ramifications surprenantes sur la surface du récipient intérieur. Elle avait plus d'éclat et de force lorsque le mouvement était imprimé aux deux récipients en même temps ; soit que, ce fut du même sens, soit que ce fut en sens contraire, soit que l'un des deux fût plein ou vide d'air. Lorsque les deux récipients après avoir été frottés quelque temps étaient en repos et qu'on approchait la main du verre extérieur, des éclats de lumière se répandaient sur la surface du récipient intérieur.

« L'appareil fut changé, on ajusta sur la machine de rotation un globe épuisé d'air et auprès de ce premier globe, sur une semblable machine à la distance d'un peu moins d'un pouce, on fixa un autre globe plein d'air. Dès qu'on eût communiqué le mouvement à ces deux globes et appliqué la main sur celui qui était plein d'air, les émanations lumineuses excitées par le frottement se portèrent sur le globe en mouvement vide d'air et qui n'avait reçu aucun frottement. M. Hauksbec remarqua que

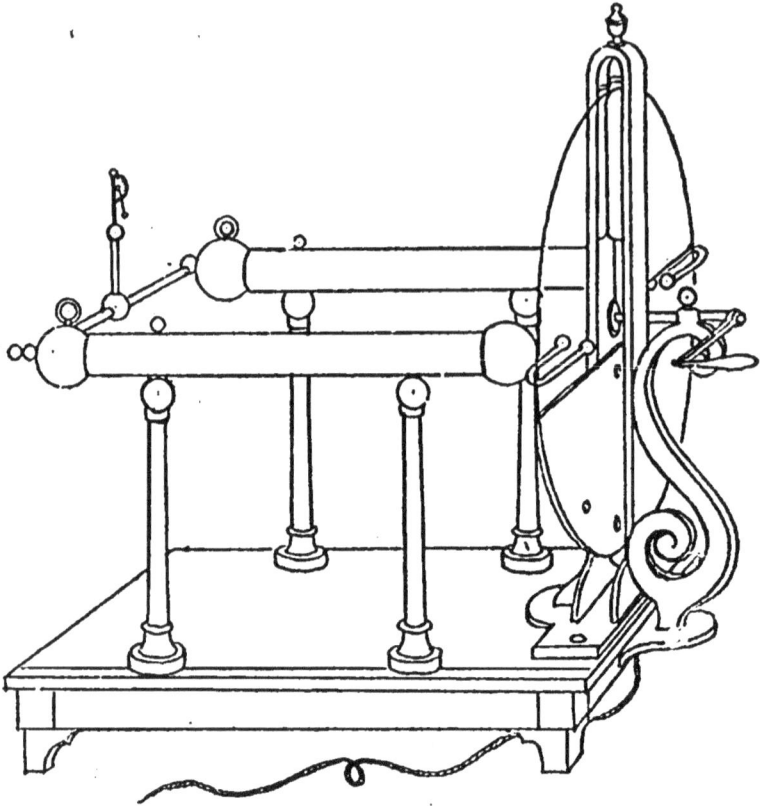

L'appareil de Hauksbec.

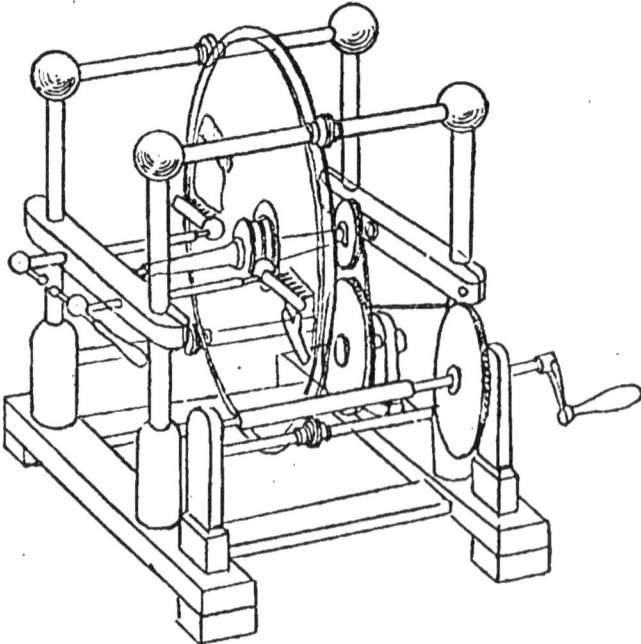

L'appareil de S' Gravesande.

le mouvement du globe non frotté était une circonstance favorable et même jusqu'à un certain point nécessaire pour que la lumière parût se répandre dans l'hémisphère qui touchait presque le globe frotté. Cependant il vint à bout d'exciter des traits éclatants dans un vaisseau de verre dont l'air avait été pompé lorsqu'il le présentait à quelque distance du globe frotté et en mouvement. Alors il paraissait que la lumière électrique en se propageant dans les globes vides d'air s'y enflammait par le choc de ses propres parties.

« Un globe vide d'air adapté sur la machine de rotation devint très lumineux dans l'intérieur lorsqu'on appliqua la main sur la surface extérieure et qu'on lui communiqua un mouvement rapide ; mais à mesure qu'on remplissait d'air la capacité du globe en tournant un robinet pratique, comme nous l'avons vu dans un des pivots, l'intensité de la lumière s'altérait de plus en plus. M. Hauksbec remarqua avec beaucoup de sagacité que la différence des nuances de la lumière dans le vaisseau plein d'air et vide d'air était la même que celle qu'il avait observée entre les lumières produites par le mercure quand il le secouait dans un ballon vide d'air ou plein d'air.

« L'air étant rentré dans le globe, des taches lumineuses sans un éclat bien vif s'attachaient aux doigts des observateurs ou s'élançaient à un pouce de distance sur une bande de mousseline effilée par une de ses extrémités. A mesure qu'on faisait rentrer l'air, les faisceaux des ramifications qui paraissaient dans l'intérieur étaient plus déliés et prenaient mille formes différentes : au lieu que dans le vide ces rayons étaient plus uniformes et moins éparpillés. On aperçoit aisément la différence de ces effets. »

En 1746, un physicien, S'-Gravesande (1), modifia un peu la machine d'Hauksbee en montant un globe de cristal sur deux douilles de cuivre.

Un commencement de rotation très rapide était imprimé au globe de cristal par une large roue.

Le globe était monté sur une table de bois à la hauteur de la main de l'expérimentateur qui la frottait pendant la rotation.

Ce furent deux physiciens anglais, Gray et Wehler, qui, au commencement du xviiie siècle, eurent les honneurs de faire la découverte du transport de l'électricité à distance.

On a de la peine à croire, aujourd'hui, qu'on sait avec quelle vitesse prodigieuse le fluide électrique se

(1) Guillaume Jacob S'-Gravesande a laissé un ouvrage en latin sur les *Eléments de Physique démontrés mathématiquement et confirmés par des expériences*, in-4°, Leyde, 1746, 2 tomes.

transmet d'un point à un autre, que cette propriété ne fut découverte que par un simple hasard.

Voulant faire quelques expériences, Etienne Gray s'était procuré un tube de verre, ouvert à ses deux extrémités. Pour empêcher la poussière de s'introduire dans le tube, il l'avait fermé à ses deux bouts avec des bouchons en liège.

Un matin, Gray s'aperçut, par hasard, qu'un duvet de plume qui se trouvait à côté du tube électrisé, fermé par ses bouchons, était couru vers l'un des bouchons, qui l'attira et le repoussa ensuite, de la même manière que le faisait le tube lui-même. Gray comprit que l'électricité s'était transmise du tube au bouchon, c'est-à-dire du verre au liège ; il en conclut que le puissant électrique se transmettait au bouchon de liège par son contact avec le tube électrisé.

Il en tira cette conclusion, que commme la chaleur, l'électricité se communiquait d'un corps à un autre par un simple contact.

Prenant une petite baguette de bois de sapin, le physicien fixa à l'une de ses extrémités une petite boule d'ivoire et enfonça l'autre extrémité de la baguette dans le bouchon de liège qui servait à fermer le tube.

Gray frotta alors le tube de verre et approchant quelques corps légers de l'extrémité de la baguette de sapin, il vit que les petits corps étaient, aussitôt, vivement attirés.

L'électricité s'était donc transmise du verre au bouchon de liège et de ce dernier à la baguette de bois.

Gray voulut alors expérimenter en grand. Il prit de minces et longs roseaux qui allaient d'un bout à l'autre de son appartement. Malgré la longueur de ces roseaux, le fluide électrique se montra tout aussi prononcé.

Le physicien prit alors ce parti de suspendre ses roseaux du bout du balcon de sa croisée jusque dans sa cour.

A son tube de verre, il attache une corde de chanvre qui servit à suspendre de longs roseaux placés bout à bout. Il mit à l'extrémité du dernier roseau, une petite boule d'ivoire et se plaça sur le balcon du premier étage de sa maison à une hauteur de 8 mètres au-dessus du pavé :

Il frotte alors vivement son tube de verre, et son aide qui se tenait en bas, dans la cour, pour présenter les corps légers à la petite boule d'ivoire constata que cette boule attirait énergiquement les corps légers.

Le physicien étant monté au second étage, les mêmes phénomènes se produisirent. Il en fut de même lorsqu'il se plaça sur le toit de sa maison.

Le 30 juin de la même année (1), Etienne Gray alla

(1) 1729.

trouver un de ses amis, Wehler, physicien de mérite et répéta avec lui, avec succès, les mêmes expériences qui réussirent. Mais, une nouvelle expérience leur fit faire une importante découverte.

Du sommet du toit de la maison de Wehler, une corde de chanvre attachée à un tube de verre électrisé, attira très bien les corps légers, mais quand ils le disposèrent horizontalement sur des ficelles de chanvre fixées par des clous contre la muraille de l'appartement, ils virent qu'il ne se produisait plus d'effets électriques.

Etienne Gray proposa alors à Wehler de remplacer la ficelle de chanvre qui aidait à sortir la corde par un cor-. donnet en soie ; ils virent les corps légers vivement attirés.

Ce fut donc cet emploi d'un cordon de soie, choisi en cette circonstance qui produisit la découverte si importante de deux corps distincts, au point de vue de l'électricité des *corps conducteurs* et des *corps non conducteurs de l'électricité.* Les deux physiciens virent alors qu'il y avait des corps électriques et des corps non électriques, c'est-à-dire, des corps bons et des corps mauvais conducteurs.

Une autre découverte importante devait être faite au commencement du xviiie siècle et cette fois par un français, Dufay, physicien et naturaliste, intendant du *jardin du Roi* (1) et membre de l'Académie des sciences.

En 1734, dans des mémoires sur l'électricité, il prouva *que tous les corps, sans exception, pouvaient s'électriser par le frottement à la condition d'être isolés*, c'est-à-dire, d'être tenus par un membre de résine ou de verre.

Dufay expose lui-même, en ces termes, la théorie dont il proposa l'adoption.

« J'ai découvert, nous dit-il dans un de ses mémoires, un principe fort simple qui explique une grande partie des irrégularités, et si je puis me servir du terme, des caprices qui semblent accompagner la plupart des expériences en électricité.

« Ce principe est que les corps électriques attirent tous ceux qui ne le sont pas et les repoussent sitôt qu'ils sont devenus électriques par le voisinage ou par le contact de corps électriques. Ainsi la feuille d'or est d'abord attirée par le tube, acquiert de l'électricité en en approchant et conséquemment en est aussitôt repoussée, elle ne l'est point de nouveau tant qu'elle conserve sa qualité électrique ; mais si, tandis qu'elle est ainsi soutenue en l'air, il arrive qu'elle touche quelque autre corps, elle perd à l'instant son électricité et conséquemment est attirée de nouveau par le tube, lequel après lui

(1) Aujourd'hui *Jardin des Plantes et Museum d'histoire naturelle.*

avoir donné une nouvelle électricité la repousse une seconde fois et cette répulsion continue aussi longtemps
que le tube conserve sa puissance. En appliquant ce
principe aux différentes expériences d'électricité, on sera
surpris du nombre de faits obscurs et embarrassants qu'il
éclaircit ».

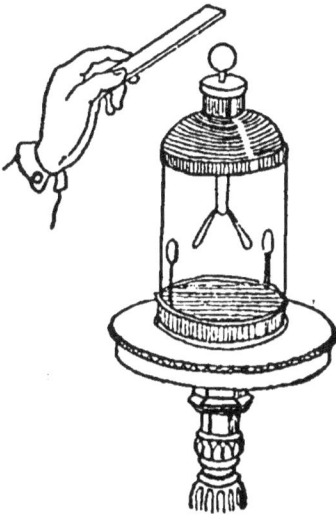

Un principe bien plus gé-
néral fut aussi établi par Dufay. Nous voulons parler de la
*distinction des deux espèces
d'électricités : l'électricité résineuse et l'électricité vitrée* ou,
si l'on veut *positive* et *négative*.

« Ce hasard continue, Dufay,
m'a présenté un autre principe plus universel et plus re-
marquable que le précédent et qui jette un nouveau
jour sur la matière de l'électricité.

« Ce principe est qu'il y a deux sortes d'électricité fort
différentes l'une de l'autre ; l'une que j'appelle *électricité
vitrée* et l'autre *électricité résineuse*. La première est
celle du verre, du cristal de roche, des pierres précieuses, du poil des animaux, de la laine et de beaucoup
d'autres corps. La seconde est celle de l'ambre, de
la gomme copale, de la gomme laque, de la soie, fils

du papier, et d'un grand nombre d'autres substances.

« Le caractère de ces deux électricités est de se repousser elles-mêmes, et de s'attirer l'une l'autre. Aussi un corps de l'électricité vitrée repousse tous les autres corps qui possèdent l'électricité vitrée et au contraire il attire tous ceux de l'électricité résineuse. Les résineux pareillement repoussent les résineux et attirent les vitrés. On peut aisément déduire de ce principe l'explication d'un grand nombre d'autres phénomènes, et il est probable que cette vérité nous conduira à la découverte de beaucoup d'autres choses ».

Dans le passage de Dufay que nous venons de citer, le célèbre physicien français établit bien et avec une grande netteté, l'existence de deux espèces d'électricités : l'une qu'il dénomme *l'électricité résineuse*, est celle de l'ivoire, de l'ambre, du papier, du fil, etc., l'autre qu'il appelle *électricité vitrée* est celle du verre, du cristal de roche, des poils des animaux, de la laine, des pierres précieuses, etc.

Les grandes découvertes électriques
La découverte de Galvani

Le 20 septembre 1186, jour où naissait en France, à
Boulogne-sur-mer, un enfant dont les travaux devaient

Galvani.

contribuer si largement à l'application de l'hélice à la
propulsion des bateaux à vapeur, Frédéric Sauvage, un

professeur d'anatomie faisait à Boulogne en Italie une observation qui a été le point de départ des merveilles dont on est redevable à l'électricité, non pas en repos ou *statique*, la seule qu'on connut alors et qui se manifeste par une décharge, mais en mouvement ou *dynamique*, qui se manifeste par l'action des courants ; ce professeur était Galvani.

Alors qu'il s'occupait déjà depuis huit ans de recherches sur l'instabilité nerveuse et les mouvements musculaires de la grenouille, le hasard l'avait rendu, en 1780, témoin de contractions éprouvées par les membres inférieurs d'une grenouille non pas au contact, mais simplement au voisinage d'une machine électrique donnant des étincelles, lorsqu'au moment de l'étincelle, on mettait en communication les nerfs et les muscles au moyen d'un corps conducteur de l'électricité. Il avait depuis lors poursuivi ses expériences, à l'aide de toutes les sources d'électricité qu'il connaissait : celle des machines à frottement, celle de la bouteille de Leyde, celle des nuages orageux qu'il amenait dans son laboratoire au moyen d'une tige de fer plantée au-dessus de sa maison communiquant à un fil terminé par une extrémité en crochet à laquelle il suspendait sa grenouille préparée. L'idée lui vint de rechercher, si en l'absence de nuages orageux, il n'y ait pas dans l'atmosphère assez d'électricité pour provoquer les mêmes contractions. Pour cela, il suspendait à la balustrade de fer qui bordait la terrasse de sa maison, une grenouille préparée retenue par un crochet de cuivre qui lui traversait la moelle épinière ; pendant longtemps rien ne s'était produit, lorsque

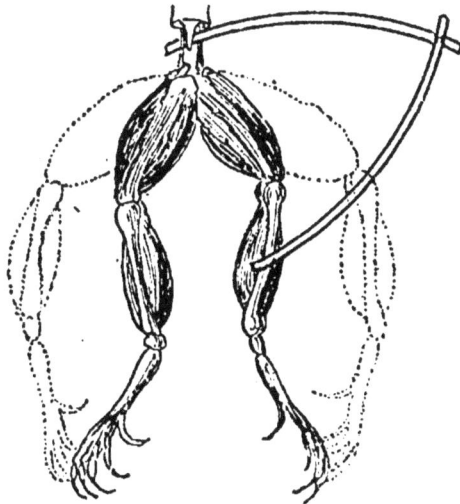

le 20 septembre 1786, fatigué de sa vaine attente, il saisit le crochet de cuivre, l'appliqua contre la balustrade et l'y prenant vivement, il vit les membres supérieurs de l'animal entrer en contraction à chaque nouveau contact du crochet de cuivre et la balustrade de fer, c'est le pur hasard qui lui avait fait suspendre la grenouille par un crochet de cuivre à la balustrade de fer.

De ce tout petit fait, devait sortir treize ans plus tard la pile de Volta. Il eut passé inaperçu pour un observateur vulgaire, mais tout autre était Galvani, ne pouvant l'expliquer par le voisinage d'aucune source d'électricité extérieure, ni par celle des machines puisqu'il n'en avait pas, ni par celle des nuages orageux, puisque le ciel était serein, ni par celle de l'atmosphère, puisque son absence était constatée par les instru-ments qui servent à déceler sa présence dans l'air, il en conclut que cette source était dans la grenouille elle-même et que ses éléments positif et négatif tenus sé-parés dans les nerfs et les muscles, se re-combinaient en provoquant les contrac-tions lorsqu'un conducteur métallique venait à établir la communication entre les nerfs et les muscles, comme ils se combinent par une décharge dans la bouteille de Leyde, lorsqu'on met l'ex-térieur et l'intérieur en communication.

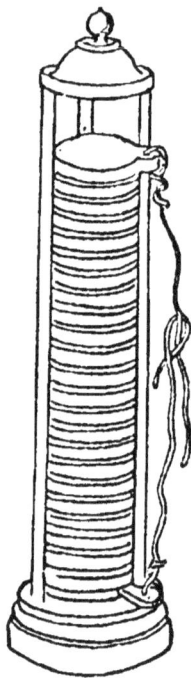

Ce n'était pas cela, et à l'électricité animale de Gal-vani, Volta opposa comme explication celle résultant du contact des deux métaux (cuivre et fer) dont était formé le conducteur qui à l'expérience du 20 septembre, avait mis les nerfs et les muscles en communication ; ce n'était pas cela davantage, car Galvani prouve qu'on provo-quait les mêmes contractions avec un conducteur d'un seul métal ou même pas métallique du tout, mais c'est de cette controverse que sortit la pile de Volta.

Celui-ci, en effet, poursuivant son idée de démontrer que la vraie source d'électricité était le contact de deux métaux, construisit sa pile, et trouva l'admirable instrument qui donne des courants continus, et ouvrit à l'emploi de l'électricité des horizons immenses qui ne sont pas encore aujourd'hui fermés.

La bouteille de Leyde

La découverte de la *Bouteille de Leyde* est due à Musschenbrock, physicien de Leyde, qui en fit le premier l'expérience avec un vase de terre et qui a donné les détails de cette expérience célèbre dans une lettre qu'il adressa au savant français Réaumur, le 20 avril 1746.

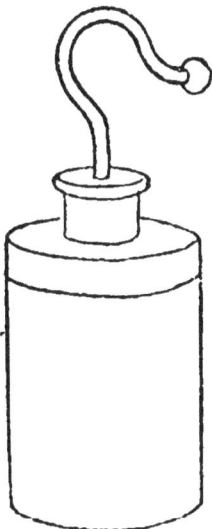

En voici le contenu :

« Je veux vous communiquer, écrit Musschenbrock, une expérience nouvelle mais terrible que je vous conseille de ne pas tenter vous-même.

« Je faisais quelques recherches sur la force de l'électricité. Pour cet effet j'avais suspendu à deux fils de soie

bleu un canon de fer qui recevait par communication
l'électricité d'un globe de verre que l'on faisait tourner
rapidement sur son axe, pendant qu'on le frottait en y
appliquant les mains à l'autre extrémité pendait librement
un fil de laiton dont le bout était plongé dans un vase

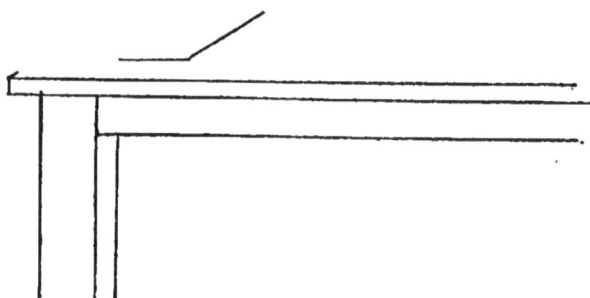

rond en partie plein d'eau, que je tenais dans ma
main droite et avec l'autre main j'essayais de tirer des
étincelles du canon de fer électrisé ; tout d'un coup ma

main droite fut frappée avec tant de violence que j'eus tout le corps ébranlé comme d'un coup de foudre ; le vaisseau, quoique fait d'un verre mince, ne se casse point ordinairement et la main n'est point déplacée par cette commotion ; mais le bras et tout le corps sont affectés d'une manière terrible que je ne puis exprimer ; en un mot, je croyais que c'était fait de moi. Mais voici des choses bien singulières, quand on fait cette expérience avec un verre d'Angleterre l'effet est nul ou presque nul, il faut que le verre soit d'Allemagne ; il ne suffirait pas même qu'il fût de Hollande, il est égal qu'il soit arrondi en forme de sphère ou de toute autre figure ; on peut employer un gobelet ordinaire grand ou petit, épais ou mince, profond ou non ; mais ce qui est absolument nécessaire, c'est que ce soit du verre d'Allemagne ou de Bohême, celui qui m'a pensé donner la mort était d'un verre blanc et mince et de cinq pouces de diamètre. »

La personne qui fait l'expérience peut être placée simplement sur le plancher mais il faut que ce soit la même qui tienne d'une main le vase et qui, de l'autre main, excite l'étincelle ; l'effet est bien peu considérable si cela se fait par deux personnes séparées.

Si l'on place le vase sur un support de métal porté sur une table de bois, en touchant ce métal seulement du doigt et tirant l'étincelle avec l'autre on ressent un très grand coup.

Un physicien français, Lemonnier, de l'Académie des sciences, fut un des premiers qui expérimenta en France les effets de la Bouteille de Leyde.

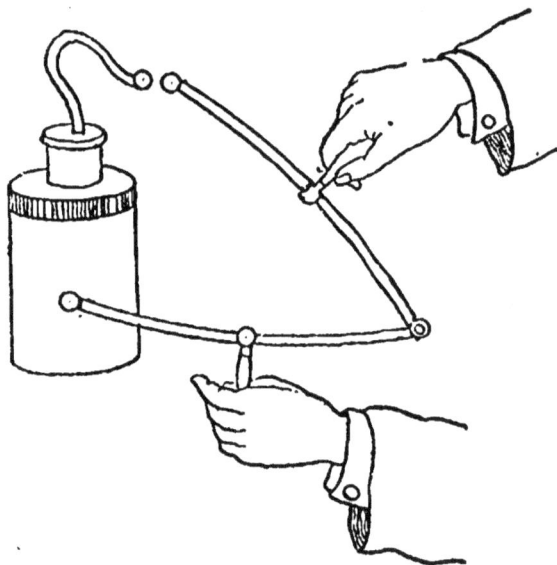

En 1746, il fit une expérience célèbre sur la transmission du choc électrique à travers une chaîne composée d'un grand nombre de personnes.

Il a laissé le récit suivant d'une de ces expériences ou au lieu de chaîne il employa un fil de fer d'une longueur de près d'une lieue. L'électricité passant le long du fil avait excité une commotion violente sur une personne placée à l'extrémité.

« Voyant alors, dit Lemonnier, que l'électricité passait

avec tant de liberté au travers des hommes et des métaux lors même qu'ils n'étaient pas portés sur des corps
électriques de leur nature, je crus qu'il serait fort possible d'électriser aussi une grande masse d'eau. J'en fis
d'abord l'expérience dans un baquet que je remplis entièrement ; je pris de la main droite une bouteille bien
électrisée, dont j'avais eu soin de recourber le fil de fer.
Je plongeai le doigt de la main gauche dans l'eau du
baquet, et je plongeai ensuite l'extrémité recourbée du
fil de fer précisement vis-à-vis de l'endroit où j'avais le
doigt de la main gauche. Je pris garde à ce que ni mon
doigt ni le fil de fer ne touchassent au bord du baquet ;
aussitôt je ressentis le coup dans les bras et dans la
poitrine, comme dans l'expérience de Leyde.

« J'ai répété ensuite cette expérience sur le bassin du
jardin du Roi et sur celui des Tuileries. J'étendis par
terre une chaîne de fer le long de la demi-circonférence
et je pris garde à ce que cette chaîne ne trempât pas dans
l'eau. Proche d'une de ses extrémités, je fis flotter une
broche de fer fixée verticalement à un large morceau de
liège, de manière que cette broche, traversant le liège,
s'enfonçait d'un pouce ou deux au-dessous de la super-
ficie de l'eau ; un observateur se plaça à l'autre extrémité de la chaîne, la prit dans sa main gauche et plongea
la main droite dans l'eau. Je pris aussi d'une main

l'autre extrémité de la chaîne et une bouteille électrisée de l'autre, je l'approchai de la broche de fer qui flottait sur l'eau, aussitôt nous ressentîmes chacun un coup dans les deux bras.

« Quoique cette expérience n'eût rien qui ne s'accordât merveilleusement avec la petite théorie de la ligne qui unit le fil de fer et le corps de la bouteille, j'avoue que j'eus de la peine à croire que cette masse d'eau fût réellement devenue électrique ; je croyais plutôt que la commotion que nous avions ressentie venait de ce que notre électricité se perdait dans l'eau, comme celle d'un homme qui est porté sur des gâteaux de résine se perd lorsqu'on fait sortir des étincelles de son corps, sans que celui qui les tire devienne pour cela électrique ; mais l'expérience suivante que j'ai faite exprès pour m'en éclaircir ne me permit pas de douter que l'eau du bassin n'eût réellement reçu et transmis l'électricité. Je pris deux baquets pleins d'eau, que j'éloignai l'un de l'autre d'environ quatre pieds ; je fis mettre entre eux une personne qui plongeait une main dans chacun des baquets. Je mis aussi un doigt dans l'eau et je présentai le fil d'une bouteille électrisée à un morceau de fer qui nageait sur un liège dans l'autre baquet ; aussitôt il se fit une explosion et la personne qui avait les deux mains plongées dans l'eau ressentit la commotion dans les coudes comme à l'ordinaire. Or, puisque cette personne

a ressenti la commotion, il est évident que l'eau a réellement été électrisée et que l'électricité a aussi passé au
travers de l'eau du bassin des Tuileries, dans l'expérience
que j'ai rapportée tout à l'heure. Il est donc constant
que la matière électrique qui s'élance de la bouteille
passe très librement au travers des corps non électriques
même sans qu'ils soient portés sur ceux qui ont cette
propriété de leur nature et qu'elle se manifeste dans ces
corps d'une manière très sensible. »

Depuis le commencement du xviiie siècle, l'électricité
était étudiée avec soin, bien qu'aucun physicien ne
doutât encore qu'elle était de même nature que cette
force terrible qui tombe du ciel avec fracas au milieu
des orages. La science était arrivée à produire quelques
curieux phénomènes dont elle ne donnait pas de satis-
faisantes explications, lorsque Franklin s'en occupa par
hasard, mais avec génie. Dans un voyage qu'il fit à
Boston en 1746, l'année même où Muschenbrock découvrit la fameuse bouteille de Leyde et ses phénomènes
bizarres, il assista à des expériences électriques impar-
faitement exécutées par un savant écossais. De retour à
Philadelphie, il renouvela les expériences auxquelles il
avait assisté, y en ajouta d'autres et fabriqua lui-même,
avec plus de perfection, les machines qui lui étaient nécessaires. La couleur de l'étincelle électrique, son mou-

vement brisé lorsqu'elle s'élance vers un corps irrégulier, le bruit de sa démarche, les effets singuliers de son action, au moyen de laquelle il fondit une lame mince de métal entre deux plaques de verre, changea les pôles de l'aiguille aimantée, enleva toute la dorure d'un morceau de bois sans en altérer la surface, la douleur de la sensation qui, pour de petits animaux, allait jusqu'à la mort, lui suggérèrent la pensée hardie qu'elle provenait de la même matière dont l'accumulation formidable dans les nuages produisait la lumière brillante de l'éclair, la violente détonation du tonnerre, et brisait tout ce qu'elle rencontrait sur son passage, lorsqu'elle descendait du ciel pour se remettre en équilibre sur la terre. Il en conclut l'identité de l'électricité et de la foudre. Mais comment l'établir ? Sans démonstration, une vérité reste une hypothèse dans les sciences, et les découvertes n'appartiennent pas à ceux qui affirment, mais à ceux qui prouvent.

Franklin se proposa donc de vérifier l'exactitude de sa théorie en tirant l'éclair des nuages.

Cependant, il nous faut dire ici que la première idée d'aller puiser l'électricité au plus haut de l'air, au moyen d'un corps léger, armé d'une pointe, et retenu de terre au moyen d'un fil, c'est-à-dire l'idée du *Cerf-volant électrique*, dont on a tant parlé, n'appartient pas à Franklin, comme on l'a toujours répété durant longtemps, mais bien à un physicien français du nom de Romas, qui habitait à Nérac, sa ville natale.

Nous en trouvons la preuve dans la lettre suivante :

« Vous jugeâtes, Monsieur, écrit Romas à l'abbé Nollet, que ma première expérience électrique du cerf-volant, où j'eus le plaisir de voir des lames de feu de sept à huit pouces de longueur, méritait d'être connue du public puisque vous m'avez fait l'honneur de l'insérer dans le second volume des mémoires fournis par les étrangers à votre académie ; mais les effets électriques du même cerf-volant ont été bien autre chose dans une expérience que je fis le 16 de ce mois pendant un orage que j'ose dire n'avoir été que médiocre puisqu'il ne tonna presque point et que la pluie fut fort menue. Imaginez-vous de voir, Monsieur, des lames de feu de neuf à dix pieds de longueur et d'un pouce de grosseur qui faisaient autant ou plus de bruit que des coups de pistolets ; en moins d'une heure j'eus certainement trente lames de cette dimension, sans compter mille autres et sept pieds et au-dessous. Mais ce qui me donna le plus de satisfaction dans ce nouveau spectacle, c'est que les plus grandes lames furent spontanéés et que malgré l'abondance du feu qui les formait, elles tombèrent constamment sur le corps non électrique le plus voisin. Cette constance me donna tant de sécurité que je ne craignis pas d'exciter ce feu avec mon *excitateur* dans le temps même que l'orage était assez animé et il arriva que lorsque le verre dont cet instrument est construit n'eut que deux pieds de long je conduisis où je voulus, sans sentir à ma main la plus petite commotion, des lames de feu de six à sept pieds avec la même facilité que je conduisais des lames qui n'avaient que sept ou huit pouces. »

Cependant, de son côté, sans connaître les découvertes de Romas, le physicien américain Franklin faisait, à Philadelphie, avec un cerf-volant électrique, une expérience analogue.

C'est au mois de janvier 1753, que l'Académie des sciences de Paris fut informée, par une lettre du physicien Watson de l'expérience exécutée à Philadelphie.

Voici la lettre de Watson, datée de Londres le 15 janvier 1753 et adressée à l'abbé Colbert :

« M. Franklin a remis à la *Société royale*, il y a quinze jours, une assez belle expérience électrique, pour tirer l'électricité des nuées. Sur deux petits bâtons de bois croisés, d'une longueur convenable, faites étendre à ses angles un mouchoir de soie; dressez-le avec une queue et une corde de chanvre, etc., et vous aurez un cerf-volant des enfants. A l'extrémité d'un de ces petits bâtons, à l'autre bout duquel on attache la queue, il faut mettre un fil de fer d'un pied de longueur ; on se sert dans cette machine de soie, au lieu de papier, pour la garantir plus sûrement du vent et de la pluie. Quand on entend un orage de tonnerre (qui sont très fréquents en Amérique), on fait monter, à l'ordinaire, ce cerf-volant moyennant du fil de chanvre, à l'extrémité duquel on attache un ruban de soie, que l'observateur empoigne, se retirant, pendant qu'il fait de la pluie, dans une maison, afin que ce ruban ne se mouille point. On devrait encore garder que le fil de chanvre ne touchât point les murs, ni les bois de la maison. Quand les nuées de tonnerre s'approchent de la machine, ce cerf-volant avec le fil de chanvre s'électrise, et les petits morceaux de chanvre s'étendent de tous côtés ; et en mettant une petite clef sur ce fil, vous tirez les étincelles ; mais lorsque la machine, le fil, etc., sont pleinement mouillés, l'électricité se conduit avec plus de facilité, et on peut voir les aigrettes de feu sortir abondamment de la clef, en approchant le doigt. De plus, de cette façon, on peut allumer l'eau-de-vie, et faire l'expérience de Leyde et toute autre expérience de l'électricité » (1).

Pour connaître une description plus précise recourons *aux mémoires de Franklin*, composés par son fils, Guillaume Franklin (2).

(1) *De l'électricité des météores.*
(2) Gouverneur de New-Jersey.

« Ce ne fut que dans l'été de 1752, écrit cet auteur, que Franklin put démontrer efficacement sa grande découverte. La méthode qu'il avait d'abord proposée était de placer sur une haute tour, ou sur quelque autre édifice élevé, une guérite au-dessus de laquelle serait une pointe de fer isolée, c'est-à-dire plantée dans un gâteau de résine. Il pensait que les nuages électriques qui passeraient au-dessus de cette pointe lui communiqueraient une partie de leur électricité, ce qui deviendrait sensible par les étincelles qui en partiraient toutes les fois qu'on en approcherait une clef, la jointure du doigt ou quelque autre conducteur.

« Philadelphie n'offrait alors aucun moyen de faire une pareille expérience ; tandis que Franklin attendait impatiemment qu'on y élevât une pyramide, il lui vint dans l'idée qu'il pourrait avoir un accès bien plus prompt dans la région des nuages par le moyen d'un cerf-volant ordinaire que par une pyramide. Il en fit un en étendant sur deux bâtons croisés un morceau de soie, qui pouvait mieux résister à la pluie que du papier. Il garnit d'une pointe de fer le bâton qui était verticalement posé. La corde était de chanvre, comme à l'ordinaire, et Franklin en noua le bout à un cordon de soie qu'il tenait dans sa main. Il y avait une petite clef attachée à l'endroit où la corde de chanvre se terminait.

« Aux premières approches d'un orage, Franklin se
rendit dans les prairies qui sont aux environ de Philadelphie. Il était avec son fils, à qui seul il avait fait part de
son projet, parce qu'il craignait le ridicule qui, trop
communément pour l'intérêt des sciences, accompagne
les expérience qui ne réussissent pas. Il se mit sous un
hangar, pour être à l'abri de la pluie. Son cerf-volant
étant en l'air, un nuage orageux passa au-dessus ; mais
aucun signe d'électricité ne se manifestait encore.
Franklin commençait à désespérer du succès de sa tentative, quand tout à coup il observa que quelques brins
de la corde de chanvre s'écartaient l'un de l'autre et se
roidissaient. Il présenta aussitôt son doigt fermé à la
clef, et il en retira une forte étincelle. Quel dut être alors
le plaisir qu'il ressentit ! De cette expérience dépendait le
sort de sa théorie. Il savait que, s'il réussissait, son nom
serait placé parmi les noms de ceux qui avaient agrandi
le domaine des sciences ; mais que, s'il échouait, il serait
inévitablement exposé au ridicule, ou, ce qui est encore
pire, à la pitié qu'on a pour un homme qui, quoique bien
intentionné, n'est qu'un faible et inepte fabricateur de
projets.

« On peut donc aisément concevoir avec quelle anxiété
il attendait le résultat de sa tentative. Le doute, le désespoir, avaient commencé à s'emparer de lui, quand le fait

lui fut si bien démontré, que les plus incrédules n'auraient pu résister à l'évidence. Plusieurs étincelles suivi-
rent la première. La bouteille de Leyde fut chargée, le choc
reçu, et toutes les expériences qu'on a coutume de faire
avec l'électricité furent renouvelées. »

Dans son *Traité expérimental de l'électricité et du
magnétisme*. M. Becquerel s'exprime en ces termes :

Franklin ignorait qu'on eût fait cette expérience en
France ; il attendait pour la tenter qu'un clocher qu'on
élevait à Philadelphie fut terminé afin d'y placer à une
hauteur convenable la barre isolée qu'il se proposait d'employer ; mais il lui vint dans l'idée qu'un cerf-volant, qui
dépasserait les édifices les plus élevés, remplirait bien
mieux son but. En conséquence, il attacha, en juin 1752,
les quatre coins d'un grand mouchoir de soie aux extrémités de deux baguettes de sapin placées en croix
auxquels il ajusta les accessoires convenables, et en outre
une pointe de métal. A l'approche d'un orage il se rendit
dans un champ accompagné de son fils. Ayant lancé
le cerf-volant, il attacha une clef à l'extrémité de la
ficelle, puis un cordon de soie qu'il assujettit a un poteau
afin d'isoler l'appareil. Le premier signe d'électricité
qu'il remarqua fut la divergence des filaments de chanvre
qui avaient échappé à la torsion. Un nuage épais ayant
passé au-dessus du cerf-volant, il tomba un peu de pluie

qui rendit la corde humide et donna écoulement à
l'électricité. Ayant présenté le dos de la main à la clef il
en tira des étincelles brillantes et aiguës avec lesquelles
il enflamma l'alcool et chargea des bouteilles de Leyde.
C'est ainsi qu'une découverte importante que Franklin
appelait modestement une hypothèse fut mise au nombre
des vérités scientifiques...

Dolibard et Franklin ne furent pas les seuls qui cherchèrent à soutirer la foudre des nuages.

En France, le 26 mars 1786, Romas obtint des résultats
étonnants. Il avait construit un cerf-volant de sept pieds
de haut, sur trois de large qui fut élevé à la hauteur de
cinq cent cinquante pieds avec la corde dans laquelle
il avait entrelacé un fil de métal. Il s'établit entre la corde
et la terre un courant d'électricité qui parut avoir trois
ou quatre pouces de diamètre et dix pieds de long ; ce
phénomène se passait pendant le jour. M. de Romas ne
douta pas que s'il eût lieu pendant la nuit l'atmosphère
électrique aurait eu quatre ou cinq pieds de diamètre. On
sentit en même temps une odeur de soufre fort appro-
chante de celle des écoulements électriques qui sortent
d'une barre de métal électrisée. On découvrit un trou
dans la terre, à l'endroit où la décharge avait eu lieu,
d'un demi-pouce de diamètre et d'un demi-pouce de
largeur.

Ce cerf-volant avec le fil de chanvre s'électrise (page 44)

Franklin fit d'autres nombreuses et curieuses expériences relatives à l'électricité. Citons-en encore quelques-unes d'après ses intéressants *mémoires*.

« Voici, dit Franklin, une jolie expérience qui rend extrêmement sensible le passage du feu électrique de la partie supérieure à la partie inférieure de la bouteille pour rétablir l'équilibre. Prenez un livre dont la couverture soit bordée de filets d'or, courbez un fil d'archal de huit ou dix pouces de long dans la forme m, posez-le à l'extrémité de la couverture du livre sur le filet d'or de façon que le coude de ce fil d'archal porte sur une extrémité du filet d'or et que l'anneau soit en haut incliné vers l'extrémité du livre, couchez ce livre

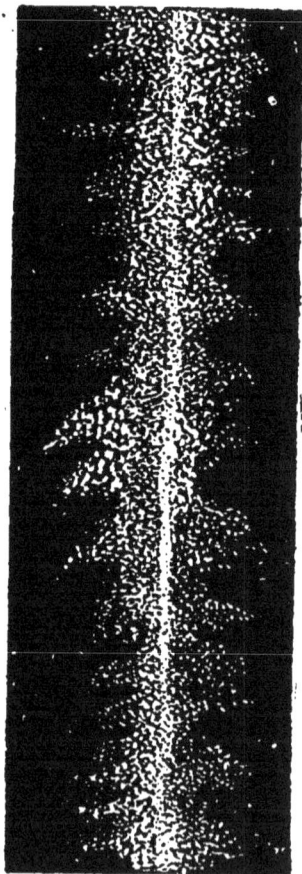

L'étincelle électrique.

sur du verre ou sur de la cire et posez la bouteille électrisée sur l'autre extrémité des filets d'or ; alors couchez la partie saillante du fil d'archal en la prenant avec un bâton de cire d'Espagne jusqu'à ce que son anneau soit proche de l'anneau du fil d'archal de la bouteille et à l'ins-

tant vous apercevrez une forte étincelle et un choc et tout
le fil d'or qui complète la communication entre le haut
et le bas de la bouteille paraît une flamme vive comme un
éclair très brillant. L'expérience réussira d'autant mieux
que le contact sera plus immédiat entre le coude du fil
d'archal et l'or à une extrémité du filet et entre le cul de la
bouteille et de l'air à l'autre extrémité ; il faut faire cette
expérience dans une chambre obscure. Si vous voulez
que tout le contour des filets d'or sur la couverture pa-
raisse en feu tout à la fois, faites en sorte que la bouteille
et le fil d'archal touchent l'or dans les coins diagonale-
ment opposés. »

« Placez, dit Franklin, une bouteille de Leyde électrisée
sur de la cire pour l'isoler ; prenez un fil de fer qui ait la
forme d'un c de telle longueur qu'après lui avoir donné
sa courbure on puisse faire toucher le fil d'archal de la
bouteille par un de ses bouts et le bas de la bouteille par
l'autre. Attachez-en la partie convexe à un bâton de cire
d'Espagne qui lui servira comme de manche, appliquez
alors son bout d'un bas au fond de la bouteille et
approchez par degrés son bout d'en haut du fil d'archal
qui est dans le liège, vous y verrez des étincelles se suivre
de près jusqu'à ce que l'équilibre soit rétabli. Faites
toucher d'abord le haut en approchant l'autre extrémité
du fond, vous aurez un courant de feu continuel provenant

du fil d'archal qui enfile la bouteille ; touchez le haut et le bas en même temps et l'équilibre sera incontinent rétabli, le fil d'archal courbé formant la communication. »

« Voici de quelle manière, dit encore Franklin, se fait le *Tableau magique* dont M. Kumersley est l'inventeur. Ayant un grand portrait gravé avec un cadre et une glace , par exemple celui du roi (que Dieu bénisse) ôtez-en comme l'estampe, et coupez-en une bande à environ deux pouces du cadre tout autour ; quand la coupure prendrait sur le portrait, il n'y aurait pas d'inconvénient. Avec de la colle légère ou de l'eau gommée collée sur le revers de la glace, la bande du portrait séparée du reste, en la serrant et l'unissant bien alors remplissez l'espace vide en dorant la glace avec de l'or ou du cuivre en feuilles ; dorez pareillement le bord intérieur du derrière du cadre tout autour, excepté le haut, et établissez une communication entre cette dorure et la dorure du derrière de la glace, remettez la bordure sur la glace et ce côté sera fini. Retournez la glace et dorez le devant précisément comme le derrière et lorsque là dorure sera sèche couvrez-la en collant dessus le milieu de l'estampe dont on avait retranché la bande, observant de rapprocher les parties correspondantes de cette bande et du portrait ; par ce moyen, le portrait paraîtra tout d'une pièce comme auparavant, quoiqu'il y en ait une partie derrière la glace et l'autre devant... Tenez le portrait horizontalement par le haut et posez sur la tête du roi une petite couronne dorée et mobile. Maintenant si le portrait est électrisé modérément et qu'une personne empoigne le cadre d'une main, de sorte que ses doigts touchent la dorure postérieure et que de l'autre main elle tâche d'enlever la couronne elle recevra une commotion épouvantable et manquera son coup. Si le portrait était fortement chargé la conséquence pourrait bien en être aussi fatale que celle du cuivre de *haute trahison,* car lorsqu'on tire une étincelle à travers une main de papier couchée sur le portrait par le moyen d'un fil d'archal de communication elle fait un trou à travers chaque feuillet, c'est-à-dire à travers quarante-huit feuilles (quoique l'on regarde une main de papier comme un bon plastron contre la pointe d'une épée ou même contre une balle de mousquet) et le craquement est excessivement fort. Le physicien qui, pour empêcher l'estampe de tomber, la tient par le haut à l'endroit où l'intérieur du cadre n'est pas doré, ne sent rien du coup et peut toucher le visage du portrait sans aucun danger, ce qu'il donne comme un témoignage de sa fidélité au prince. Si plusieurs personnes en cercle reçoivent le choc on appelle l'expérience « *les Conjurés.* »

LA DÉCOUVERTE DE VOLTA

L e Comte Alessandro de Volta (1745-1827) naquit à Côme. C'est un des plus célèbres physiciens
de la fin du xviiie siècle.

Il débuta dans la carrière scientifique par deux mémoires qu'il publia en 1769 et en 1771 sur un nouvel
appareil électrique. On lui doit la découverte de l'Electro-
phore constant, de l'Electroscope, du Pistolet électrique
de l'Endiomètre, du Condensateur, de la Lampe à air in-
flammable et enfin et surtout de la *pile voltaïque*.

On sait que l'élément d'une pile de Volta, ou autrement
dit un *couple*, se compose d'une rondelle de cuivre, séparée par une rondelle de drap imbibée d'eau acidulée,
d'un autre disque de zinc.

On constate dans un conducteur interposé l'existence

d'un courant dû à une différence d'électrisation des deux
lames : celle de cuivre était chargée d'électricité positive
et celle de zinc d'électricité négative.

Le zinc est décomposé par l'acide sulfurique, il se
forme du sulfate de zinc pendant qu'il se dégage de
l'hydrogène. En empilant une cinquantaine de couples,
le physicien italien obtenait des effets appréciables.

Son appareil existe encore dans les laboratoires.

Cette première pile fut la conséquence immédiate de
la théorie que Volta donna de la production de l'électricité
dans l'expérience de Galvani.

S'il faut en croire le célèbre physicien Robertson, les
physiciens et les autres savants électriciens de Paris
étaient restés jusqu'alors assez étrangers ou indifférents

à la connaissance des phénomènes du galvanisme.

Voici à ce sujet, d'après lui, la singulière réception qui avait été faite à Volta par le physicien Charles.

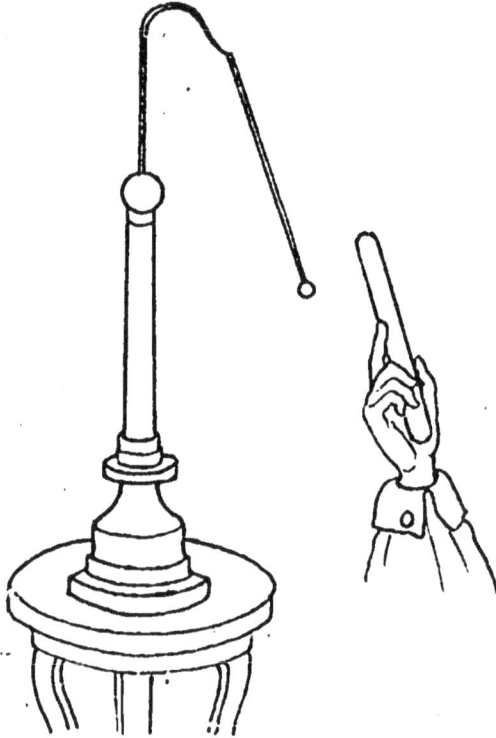

« Un jour, dit Robertson, c'était le 9 vendémiaire an IX, pendant mes expériences publiques sur le galvanisme, j'exprimais mes doutes à cet égard, et j'énumérais les différences que j'apercevais encore entre le fluide électrique et le fluide galvanique, lorsqu'un de mes auditeurs se leva et me dit que *M. de Volta, ici présent, aurait beaucoup de plaisir à dissiper les doutes qui me restaient.* L'interlocuteur était le docteur Brugnatelli : il avait accompagné le célèbre Volta dans un voyage qu'ils avaient obtenu du gouvernement cisalpin la permission de faire à Paris, pour conférer avec les savants de France sur divers objets scientifiques, et principalement sur les découvertes de la pile galvanique. J'acceptai avec empressement l'offre honorable de M. de Volta.

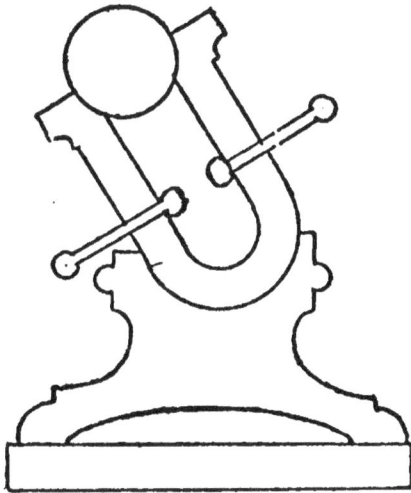

« Le lendemain matin, il se présenta de bonne heure chez moi, portant dans sa poche de petits appareils galvaniques et une grenouille vivante. Nous passâmes la matinée entière à faire des expériences dont aucune ne réussit. Volta accusait l'humidité de l'air de ces mauvais résultats ; pour moi, je les imputai, avec plus de raison, à l'imperfection de ses conducteurs métalliques. Mais il m'exposa sa théorie d'une manière si lumineuse, développa ses aperçus, ses observations et leurs conséquences avec

tant de clarté, que ma conviction n'attendit pas des expériences plus favorables, et je devins un partisan d'autant plus sincère de son système que lui ayant été plus
opposé d'abord, j'avais cédé à la seule démonstration de
la vérité ; je contribuai même, par quelques résultats nouveaux, à la rendre encore plus palpable.

« M. de Volta ne s'en tint pas à cette première visite,
et des liaisons de bienveillance de sa part, que je puis
même dire réciproquement amicales, s'établirent entre
nous. Mon cabinet lui offrit d'utiles ressources sous le
rapport des appareils.

« M. de Volta me pria de lui servir de guide à Paris,
et je m'empressai de le conduire dans les établissements
où la découverte du galvanisme devait avoir pénétré, à
l'École de médecine, à l'École polytechnique, dans le
cabinet de M. Charles. Mais quel fut son étonnement de
voir que je fusse le seul dans Paris à m'occuper de cette
belle découverte ! L'Institut même paraissait n'avoir fait
ou encouragé aucun essai sur ce sujet. M. Charles nous
fit une réception très singulière ; il ne s'attendait nullement à notre visite. Je lui nommai et lui présentai M. de
Volta, qui était jaloux de s'entretenir de ses travaux
avec un physicien aussi distingué. M. Charles laissa paraître aussitôt beaucoup d'embarras et même de la confusion : il était, nous dit-il, on ne peut plus désolé d'être

pressé de sortir et de ne pouvoir profiter d'une occasion
aussi avantageuse ; mais on l'attendait et il se trouvait en
retard. Il ajouta d'ailleurs que nous étions maîtres absolus
dans son cabinet, et qu'il en mettait tous les objets à
notre disposition. Après ce peu de mots, auxquels il
semblait ne pas demander de réponse, il nous salua et
sortit. Restés seuls dans ce cabinet, nous nous regar-
dâmes l'un l'autre avec des yeux ébahis. « Que ferons-
« nous ici ? me dit Volta. Voici un très-beau cabinet,
« mais le but de notre démarche n'était point d'admirer
« des instruments de physique. Il n'y a point dans cette
« atmosphère, continua-t-il en riant, d'odeur de galva-
« nisme. »

« Il devinait juste. M. Charles ne l'avait pas plus étudié
alors que les autres physiciens de France. Ce qui con-
firma nos conjonctures, c'est qu'étant montés en fiacre,
nous aperçûmes, en nous retournant, M. Charles qui
épiait notre départ d'une boutique de librairie de la rue
du Coq, et reprit le chemin de son cabinet dès que notre
voiture se fut un peu éloignée (1). »

Volta, dans une lettre écrite à sir Joseph Banks a ainsi
donné de curieux aperçus sur la construction et les effets
de la pile ou électro-moteur.

(1) *Mémoires de Robertson*. T. 1er, p. 250 et suivantes.

Voici d'ailleurs cette lettre :

*A sir Joseph Banks, président de la Société royale de
Londres.*

Côme en Milanais, le 20 mars 1800.

« Après un long silence dont je ne chercherai pas à
m'excuser j'ai le plaisir de vous communiquer, Monsieur,
et par votre moyen à la *Société royale* quelques résultats
frappants auxquels je suis arrivé en poursuivant mes
recherches sur l'électricité excitée par le simple contact
mutuel des métaux de différentes espèces et même par
celui des autres conducteurs aussi différents entre eux, soit
liquides, soit contenant quelque humeur à laquelle ils
doivent proprement leur pouvoir conducteur. Le principal de ces résultats et qui comprend à peu près tous les
autres, est la construction d'un appareil qui ressemble
pour les effets (c'est-à-dire pour les commotions qu'il
est capable de faire éprouver dans le bras, etc.) aux bouteilles de Leyde et mieux encore, aux batteries électriques, faiblement chargées qui agiraient cependant sans
cesse et dont la charge après chaque explosion se réta-
blirait d'elle-même, qui jouiraient en un mot d'une
charge indéfectible, d'une action sur le fluide, électrique

ou impulsion perpétuelle ; mais qui, d'ailleurs, en diffère essentiellement et par cette action continuelle qui lui est propre et parce que au lieu de consister comme les bouteilles et les batteries électriques ordinaires en une ou plusieurs lames isolantes en couches minces de ces corps censés être les seuls *électriques* armés de conducteurs ou corps dits *non électriques*, ce nouvel appareil est formé uniquement de plus de ces derniers corps choisis même entre les mille conducteurs et par là les plus éloignés, suivant ce que l'on a toujours cru de la nature électrique. Oui, l'appareil dont je vous parle et qui vous étonnera sans doute n'est qu'un assemblage de bons conducteurs de différentes espèces, arrangés d'une certaine manière. Vingt, quarante, soixante pièces de cuivre ou mieux d'argent appliquées chacune à une pièce d'étain ou, ce qui est beaucoup mieux, de zinc, te un nombre égal de couches d'eau ou de quelque autre humeur qui soit meilleur conducteur que l'eau simple, comme l'eau salée, la lessive, etc., soit des morceaux de carton, de peau, etc..., bien imbibés de ces humeurs, de telles couches interposées à chaque couple ou combinaison de deux métaux différents, une telle suite alternative et toujours dans le même ordre de ces trois espèces de conducteurs : voilà tout ce qui constitue mon nouvel instrument, qui imite, comme je l'ai dit, les effets des bouteilles de Leyde ou des batteries électriques en donnant les mêmes commotions que celles-ci, qui à la vérité reste beaucoup au-dessous de l'activité des dites batteries chargées à un haut point, quant à la force et au bruit de l'explosion, à l'étincelle, à la distance à laquelle peut s'opérer la décharge, etc., éga-

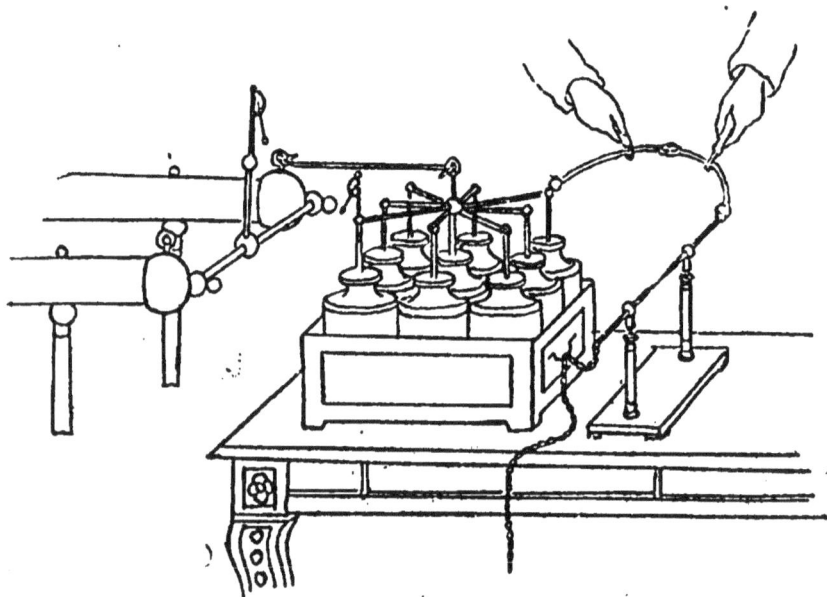

lant seulement les effets d'une batterie chargée à un degré très faible, d'une batterie pourtant d'une capacité immense mais que d'ailleurs surpasse infiniment la vertu et le pouvoir de ces mêmes batteries en ce qu'il n'a pas besoin comme elles d'être chargé d'avance au moyen d'une électricité étrangère et en ce qu'il est capable de donner une commotion toutes les fois qu'on le touche convenablement, quelque fréquents que soient ces attouchements.

« Cet appareil, semblable dans le fond comme je le ferai

voir et même tel que je viens de le construire pour la forme à *l'organe électrique naturel* de la torpille, de l'anguille tremblante, etc... bien plus qu'à la bouteille de Leyde et aux batteries électriques connues ; je voudrais l'appeler *organe électrique artificiel*. Et au vrai, n'est-il pas comme celui-là composé uniquement de corps conducteurs ?

« N'est-il pas au surplus actif par lui-même, sans aucune charge précédente, sans le secours d'une électricité quelconque, excitée par aucun des moyens connus jusqu'ici, agissant sans cesse et sans relâche, enfin de donner à tous moments des commotions plus ou moins fortes selon les circonstances, des commotions qui redoublent à chaque attouchement et qui répétées ainsi avec fréquence ou continuées pendant un certain temps, produisent ce même engourdissement des membres que fait éprouver la torpille, etc. ?

« Je vais donner ici une description plus détaillée de cet appareil et de quelques autres analogues, aussi bien que des expériences y relatives les plus remarquables.

« Je me fournis de quelques douzaines de petites plaques rondes ou disques de cuivre, de laiton ou mieux d'argent d'un pouce de diamètre plus ou moins (par exemple des monnaies) et d'un nombre égal de plaques d'étain ou, ce qui est beaucoup mieux, de zinc de la même figure et grandeur à peu près : je dis à peu près parce que la précision n'est pas requise et en général la grandeur aussi bien que la figure des pièces métalliques est arbitraire ; on doit avoir égard seulement qu'on puisse les arranger commodément les unes sur les autres en forme de colonne. Je prépare en outre un nombre assez grand de rouelles de carton de peau ou de quelque autre matière spongieuse capable de retenir beaucoup d'eau ou de l'humeur dont il faudra pour le succès des expériences qu'elles soient bien trempées. Ces tranches ou rouelles que j'appellerai disques mouillés, je les fais un peu plus petits que les disques ou plateaux métalliques afin qu'interposés à ceux-ci de la manière que je dirai bientôt, ils n'en débordent pas »

« Ayant sous sa main toutes ces pièces en bon état, c'est-à-dire les disques métalliques bien propres et secs et les autres non métalliques bien imbibés d'eau simple ou, ce qui est beaucoup mieux d'eau salée et essuyés ensuite légèrement pour que l'humeur n'en dégoutte pas, je n'ai plus qu'à les arranger comme il convient et cet arrangement est simple et facile.

« Je pose donc horizontalement sur une table ou base quelconque un des plateaux métalliques, par exemple un d'argent, et sur ce premier j'en adapte un de zinc, sur le second je couche un des disques mouillés, puis un autre plateau d'argent suivi immédiatement d'un autre zinc auquel je fais succéder encore un disque mouillé ; je continue ainsi de la même façon, accouplant un plateau d'argent avec un de zinc et toujours dans le même sens, c'est-à-dire toujours l'argent dessous, le zinc dessus, ou *vice versa*, selon que j'ai commencé et interposant à chacun de ces couples un disque mouillé, je continue, dis-je, à former de ces étages une colonne aussi haute qu'elle peut se soutenir sans s'écrouler.

« Or, si elle parvient à contenir environ vingt de ces étages ou couples de métaux, elle sera déjà capable non seulement de faire donner des signes à l'électromètre de Cavallo aidé du condensateur au-delà de dix ou quinze degrés et charger ce condensateur au point de lui faire donner une étincelle, etc., mais aussi de frapper les doigts avec lesquels on vient toucher ses deux extrémités (la tête et le pied d'une telle colonne) d'un ou plusieurs petits coups et plus ou moins fréquents selon qu'on réitère ces contacts ; chacun desquels corps ressemble parfaitement à cette légère commotion que fait éprouver une bouteille de Leyde faiblement chargée ou une batterie chargée plus facilement encore ou enfin une torpille extrêmement languissante qui montre encore mieux les effets de mon appareil que la suite des coups répétés qu'elle peut donner sans cesse »

Dans un rapport de l'Institut de Rome sur les expériences

de Volta par le savant Biot (1) on y trouve pour la première fois, bien exactement définie, la théorie de *la force électro-motrice.*

Tel est à peu près, dit Biot, le précis de la théorie du citoyen Volta sur l'électricité que l'on a nommée *galvanique.* Son but a été de réduire tous les phénomènes à un seul dont l'existence est maintenant bien constatée, c'est le développement de l'électricité métallique par le contact mutuel des métaux, il paraît prouver par ces expériences que le fluide particulier auquel on attribua pendant quelque temps les contractions musculaires et les phénomènes de la pile n'est autre chose que le fluide électrique ordinaire mis en mouvement par une cause dont nous ignorons la nature mais dont nous voyons les effets. Après avoir reconnu et évalué pour ainsi dire par approximation l'action mutuelle des éléments métalliques, il reste à la déterminer d'une manière rigoureuse, à chercher si elle est constante pour les mêmes métaux, ou si elle varie avec les qualités d'électricité qu'ils contiennent et avec leur température. Il faut évaluer avec la même précision, l'action propre que les liquides exercent les uns sur les autres et sur les métaux. C'est alors que l'on

_____

(1) Décembre 1800.

Rapport du citoyen Biot sur les expériences de Volta. Mémoires de l'Institut national de France.

pourra établir le calcul sur des données exactes, s'élever ainsi à la véritable loi que suivent dans l'appareil du citoyen Volta, la distribution et le mouvement de l'électricité et compléter l'explication de tous les phénomènes que cet appareil présente. Mais ces recherches délicates exigent l'emploi des instruments les plus précis qu'aient inventés les physiciens pour mesurer la force du fluide. Enfin il reste à examiner les effets chimiques animales et ses rapports avec l'électricité des minéraux et des poissons, recherches qui, d'après les faits déjà connus, ne peuvent être que très importantes. »

Biot terminait son rapport en proposant d'offrir à Volta une médaille d'or conformément à la demande du premier consul. « D'après la demande qui a été faite par un de vos membres (le premier consul) et que vous avez renvoyée à la commission, nous vous proposons d'offrir au citoyen Volta la médaille de l'Institut en or comme un témoignage de la satisfaction de la classe pour les belles découvertes dont il vient d'enrichir la théorie de l'électricité et comme une preuve de sa reconnaisssance pour les lui avoir communiquées. »

Cette médaille portait pour inscription :

A Volta, séance du 11 frimaire an IX.

Le même jour Volta reçut du premier consul une somme de 6.000 francs pour ses frais de route.

« Le professeur de Pavie, nous dit Arago dans son *Eloge de Volta*, était devenu pour Napoléon le type du génie. Aussi le vit-on coup sur coup décoré des croix de la légion d'honneur et de la couronne de fer, nommé membre de la consulte italienne, élevé à la dignité de comte et à celle de sénateur du royaume lombard. Quand l'Institut italien se présentait au palais, si Volta par hasard ne se trouvait pas sur les premiers rangs, les brusques questions : « Où est Volta ? serait-il malade ? pourquoi n'est-il pas venu ? » montrèrent avec trop d'évidence peut-être qu'aux yeux du souverain les autres membres, malgré tout leur savoir, n'étaient que de simples satellites de l'inventeur de la pile. « Je ne saurais consentir, disait Napoléon en 1804, à la retraite de Volta. Si ses fonctions de professeur le fatiguent, il faut les réduire. Qu'il n'ait, si l'on veut, qu'une leçon à faire par an, mais l'université de Pavie serait frappée au cœur le jour où je permettrais qu'un nom aussi illustre disparût de la liste de ses membres. D'ailleurs, ajoutait-il, un bon général doit mourir au champ d'honneur. »

Le 26 prairial an X (juin 1801), peu de temps après la bataille de Marengo, Napoléon écrivit d'Italie à Chaptal, alors ministre de l'intérieur, la lettre suivante, qui fut transmise par ce dernier à la classe des sciences mathématique et physique de l'Institut :

« J'ai intention, citoyen ministre, de fonder un prix consistant en une médaille de trois mille francs pour la meilleure expérience qui serait faite dans le cours de chaque année sur le fluide galvanique ; à cet effet les mémoires qui détailleront les dites expériences seront envoyés avant le 1er fructidor à la première classe de l'Institut national, qui devra dans les jours complémentaires adjuger le prix à l'auteur de l'expérience qui aura été la plus utile à la marche de la science.

« Je désire donner en encouragement une somme de soixante mille francs à celui qui par ses expériences et ses découvertes fera faire à l'électricité et au galvanisme un pas comparable à celui qu'ont fait faire à ces sciences *Franklin et Volta* et, au jugement de la classe.

« Les étrangers de toutes les nations seront également admis au concours.

« Faites, je vous prie, connaître ces dispositions au président de la première classe de l'Institut national pour qu'elle donne à ces idées les développements qui lui paraîtront convenables ; mon but spécial étant d'encourager et de fixer l'attention des physiciens sur cette partie de la physique, qui est, à mon sens, le chemin de grandes découvertes. »

BONAPARTE.

Un physicien et expérimentateur anglais, Pepeys, au

mois de février 1802, fit construire la plus puissante pile
qu'on ait encore vu fonctionner. Elle était formée de
60 paires de plaques carrées, cuivre et zinc, ayant
7 pouces de côté, les plaques étaient contenues dans
deux grandes auges, qu'on remplissait de 32 livres d'eau,
à laquelle on ajoutait 2 livres d'acide azotique.

Un témoin oculaire des expériences de Pepeys en décrit
ainsi les résultats.

On brûla des fils de fer depuis un deux centième jusqu'à un dixième de pouce de diamètre. La lumière dégagée
de cette combustion était extrêmement vive. L'effet était
très agréable quand on brulait plusieurs petits fils de fer
tendus autour d'un plus gros.

Du charbon fait avec du bois de buis non seulement
s'allumait à l'endroit du contact, mais demeurait rouge
d'une manière permanente sur une longueur de près de
deux pouces.

« Du plomb en feuilles brûlait avec beaucoup de vivacité
après avoir rougi. Il formait un petit volcan d'étincelles
rouges mêlées à la flamme. L'argent en feuilles brûlait
avec une lumière verdâtre très intense. On ne voyait pas
d'étincelles, mais beaucoup de fumée. L'or en feuilles brûlait avec une lumière blanche et brillante et avec fumée.

« Du fil de platine d'un trente-deuxième de pouce de
diamètre rougissait à blanc et fondait en globules à l'en-

droit du contact. L'action galvanique était encore capable
d'allumer le charbon après avoir parcouru un circuit de ·
seize personnes qui se tenait par la main préalablement
humectée.

Cet appareil entretenait les déflagrations et la combustion sans aucun intervalle, sans aucune suspension dans
l'effet.

En 1802 Humphry Davy, élevé à l'âge de 24 ans à la
chaire de chimie de l'Institution royale de Londres, se
préparait à ses grands travaux sur l'électricité voltaïque

en faisant construire une pile de dimensions imposantes dont il décrivait ainsi les effets. « J'ai fait récemment construire pour le laboratoire de l'Institution une batterie d'une immense grandeur. Elle se compose de quatre cents paires de cinq pouces carrés et de quarante paires d'un pied carré. Au moyen de cette batterie j'ai pu enflammer le coton, le soufre, la résine, l'huile et l'éther, elle fond un platine, rougit et brûle plusieurs pouces d'un fil de fer d'un trois-centième de pouce de diamètre, elle fait bouillir facilement les liquides tels que l'huile et l'eau ; elle les décompose et les transforme en gaz...

LES EXPÉRIENCES SUR LE CORPS HUMAIN

Parmi les premières applications de la *Pile de Volta*, il faut signaler les expériences qui, durant les dernières années du Directoire et les premières années du XIXme siècle, furent faites sur le corps humain et en particulier sur les corps des suppliciés.

Pendant les années du Directoire, il s'était formé à Paris une *Société galvanique*, qui avait pour but de se livrer à l'étude de l'électricité animale, des phénomènes reconnus par Galvani.

Cette société avait obtenu des autorités l'autorisation de soumettre à ses études expérimentales les corps des suppliciés.

On ne pourra pas lire sans émotion le récit suivant donné par le docteur Nysten, savant médecin de la Faculté de Paris, auteur d'un remarquable *Dictionnaire*

de Médecine et d'un beau travail intitulé : *Nouvelles ex-*
périences galvaniques faites sur les organes musculaires
de l'homme et des animaux à sang rouge, par lesquelles,
en dressant ces divers organes sur le rapport de la durée
de leur excitabilité galvanique, on prouve que le cœur est
celui qui conserve le plus longtemps cette propriété (1).

Nysten avait fait les expériences suivantes sur le corps
d'un supplicié le 14 brumaire an XI. Il raconte ainsi cette
scène vraiment dramatique (2).

« Qu'il me soit permis, dit Nysten, de faire un récit succint
des peines que je me suis données et des dangers que
j'ai courus ce jour-là pour satisfaire mon zèle.

« Je sors à dix heures du matin de chez moi, l'appareil
vertical de Volta à la main pour me rendre à un des pa-
villons de l'Ecole de médecine et y continuer mes expériences. En entrant dans la rue de l'Observance, j'entends
annoncer par un colporteur la condamnation d'un criminel à la peine de mort. J'achète le jugement et je vois
qu'il doit être mis à exécution le même jour 14 brumaire.
Je me rends chez le citoyen Thouset directeur de l'Ecole.
Je lui témoigne le désir que j'ai de tenter sur le cœur de

(1) Expériences faites sur le cœur et les autres parties d'un homme
décapité le 14 Brumaire, an IX. Brochure in-8°, an XI, chez Lenault,
libraire.
(2) Par P. H. Nysten, médecin de la Société des observateurs de
l'homme et de celle de l'Ecole de Médecine, in-8°, an IX.

l'homme les expériences que j'ai faites sur le cœur de
plusieurs animaux. J'ajoute qu'on va supplicier un criminel et que, si je suis secondé, j'ai résolu de faire toutes
les démarches nécessaires pour ne pas laisser échapper
une semblable occasion. Le citoyen Thouset s'empresse
d'écrire à ce sujet au préfet de police. Je me transporte
à la préfecture, j'obtiens une autorisation en vertu de
laquelle le corps de celui qu'on allait faire mourir est
mis à ma disposition après la décapitation, c'est-à-dire
dès qu'il serait conduit au cimetière Sainte-Catherine.
Muni de l'autorisation de la police, j'arrive bientôt sur la
place de Grève et là, en attendant le malheureux que la
justice devait frapper de son glaive, je réfléchis que le
chemin qui conduit de ce lieu au cimetière est fort éloigné,
qu'une charrette ne va ordinairement qu'au pas du
cheval qui la conduit et par conséquent avec beaucoup de
lenteur, enfin il est possible qu'une circonstance imprévue
retarde quelque temps son départ après l'exécution. Ces
difficultés pouvaient s'opposer à la réussite de mon expérience, je crois devoir courir au Palais de justice dans l'intention de les lever si j'en trouve les moyens. Je franchis
les barrières que m'opposent les sentinelles postées à la
grille du palais ; j'engage le conducteur de la charrette
à faire aller son cheval le plus promptement possible de
la place de Grève jusqu'au cimetière et je lui promets de

lui en témoigner ma reconnaissance. Dans le même but je vais trouver le brigadier des gendarmes qui devait escorter le triste convoi ; de plus, je parle à l'exécuteur. Il ne me reste que le temps nécessaire pour retourner au lieu de l'exécution. A peine y suis-je arrivé que je vois tomber le coup fatal. Un spectacle si affreux me fait frémir d'horreur. Cependant je me recueille et cours au cimetière, je présente au concierge mon autorisation et lui demande un local. Il me répond qu'il n'en a pas et m'objecte que je ne puis me livrer à un travail anatomique dans un endroit public où il arrive à chaque instant des convois. J'aperçois, au milieu du cimetière une large fosse récemment creusée et de la profondeur de 50 à 60 pieds, je prie le concierge de m'en accorder un petit coin. Après plusieurs objections, il se rend à mes instances. Une portion de cette fosse n'était encore creusée qu'à quinze pieds du sol. C'est à cette espèce d'étage que je donne la préférence : il me procurerait l'avantage de profiter encore pour quelque temps de la lumière du jour et d'obtenir plus promptement ce dont je pouvais avoir besoin dans le cours de mon travail. J'y fais placer le cadavre et j'y descends moi-même. A peine suis-je arrivé au bas de l'échelle qu'une odeur sépulcrale vient frapper mon odorat et que l'atmosphère humide de ce séjour des morts arrêtant tout d'un coup la sueur qui ruisselait de tous les points de la surface de mon corps, me fait éprouver une sensation semblable à celle d'un bain de glace. Qu'on juge par là du danger auquel ma santé était exposée ! Mais ce n'est pas tout ; mon laboratoire considérablement rétréci par un énorme morceau de pierre, avait tout au plus six pieds de long sur quatre de large et le sens de sa longueur était dans la direction du fond de la fosse, de manière que, lorsque je voulais passer d'un côté du cadavre à l'autre, je me trouvais au bord d'un précipice affreux où j'ai été sur le point de tomber plusieurs fois pendant le cours de mes expériences. Je passe sous silence les incommodités relatives à l'expérience elle-même, telles que la situation du cadavre sur la terre, mon bureau composé de trois ou quatre pierres posées les unes sur les autres, le siège vacillant de mon appareil galvanique et la terre que des ouvriers travaillant au dessus de la fosse faisaient à chaque instant tomber sur ma tête. »

Pour terminer ce sujet, racontons une dernière expérience, qui eut lieu en Angletterre et dans laquelle nous verrons que les effets électrique se produisirent avec une ffroyable intensité.

Il s'agit des expériences galvaniques qui furent faites le 4 novembre 1818 à Glasgow, sur le corps de l'assassin Clydsdale par le docteur Andrew, racontées dans *Ure* et quelques autres physiologistes anglais qui avaient acheté du criminel condamné à mort son propre cadavre afin de le soumettre aux épreuves de la pile de Volta.

L'individu qui fut le sujet de cette expérience était un homme d'environ trente ans de moyenne taille et de forme athlétique.

Il demeura pendant près d'une heure attaché au gibet sans faire aucun mouvement. On le porta dans l'amphithéâtre anatomique de l'Université, dix minutes environ après qu'on l'eut détaché de l'instrument du supplice. La face avait un aspect naturel et le cou n'offrait aucune dislocation.

La pile voltaïque préparée par le docteur Ure pour cette expérience était une pile à auges contenant deux cent soixante-dix couples cuivre et zinc de quatre pouces. Chaque fil conducteur communiquant avec les deux pôles se terminait par une pointe métallique enveloppée près de son extrémité d'une petite poignée isolante pour le manier plus commodément.

Les officiers de police ayant apporté le cadavre, la pile fut aussitôt chargée avec un mélange d'acide sulfurique et azotique convenablement étendus. M. Marshall exécuta les dissections. On commença par pratiquer au-dessous de l'occiput une grande incision afin de découvrir la

Il demeura pendant près d'une heure attaché au gibet (page 80).

vertèbre *atlas*, dont on enleva la moitié postérieure de
manière à mettre la moelle épinière à nu. On fit en
même temps une grande incision à la hanche gauche
pour découvrir le nerf sciatique. La tige métallique qui
communiquait avec l'un des pôles de la pile fut alors mise
en contact avec la moelle épinière ; tandis que celle qui
communiquait avec l'autre pôle était appliquée sur le nerf
sciatique. A l'instant tous les muscles du corps furent agités
de violents mouvements convulsifs, qui ressemblaient à
un frisson universel. Quand on établissait et interrompait
alternativement le courant électrique, tout le côté gauche
du corps éprouvait de vives convulsions.

On fit alors une petite incision au talon de manière à
mettre à nu le tendon d'Achille. L'un des conducteurs de
la pile était maintenu comme précédemment en contact
avec la moelle épinière ; l'autre fut appliqué sur la petite
incision faite au talon du supplicié dont on avait préalablement plié les genoux. Dès que la communication électrique fut établie, la jambe qui se trouvait fléchie sur la
cuisse se détendit subitement. Elle fut lancée avec tant
de violence qu'elle faillit renverser un des aides qui
essayait en vain de la retenir.

On se mit ensuite en devoir de rétablir par l'agent
électrique les mouvements de la respiration. A cet effet on
mit à nu le nerf diaphragmatique gauche vers le bord

externe du muscle sterno-thyroïdien, à trois ou quatre pouces au-dessous de la clavicule. On fit ensuite une petite incision sur le cartilage de la cinquième côte et l'un des conducteurs de la pile fut mis par cette ouverture en contact avec le diaphragme tandis que l'autre était appliqué dans la région du cou sur le nerf diaphragmatique. Le résultat fut prodigieux. A l'instant on vit se rétablir sur le cadavre les phénomènes mécaniques d'une forte et laborieuse respiration. La poitrine s'élevait et s'abaissait ; le ventre était repoussé en avant et s'affaissait ensuite, le diaphragme se dilatait et se contractait comme dans la respiration naturelle. Ces divers mouvements se manifestèrent sans interruption aussi longtemps que le courant électrique fut maintenu.

« Au jugement de plusieurs savants qui étaient témoins « de la scène, dit le docteur Ure, cette expérience respi- « ratoire fut peut-être la plus frappante qu'on eût jamais « faite avec un appareil scientifique. »

Le docteur Ure ajoute qu'il est permis de supposer que la circulation se serait établie et que l'on aurait vu battre le cœur et l'artère si le sujet n'eut été épuisé de sang, stimulant essentiel de cet organe.

Après avoir artificiellement rétabli les phénomènes mécaniques de la respiration, on mit en jeu les muscles de la face qui sont si impressionnables par l'électricité.

Pour cela, au moyen d'une légère incision faite au-dessous du sourcil, on découvrit le nerf sus-orbital sur lequel fut appliqué l'un des conducteurs de la pile, l'autre fut mis en rapport avec la plaie du talon. Le docteur Ure excita alors des commotions en promenant la plaque métallique qui formait l'un des pôles de la pile le long des bords de cet appareil depuis la deux cent vingtième jusqu'à la deux cent vingt septième plaque. De cette manière, cinquante commotions électriques qui se succédaient avec la plus grande rapidité et dont l'intensité s'accroissait successivement, furent produites en deux secondes. Rien ne peut rendre ce qui se passa alors sur le visage du cadavre, tous les muscles de la face furent mis en action à la fois d'une manière effroyable, exprimant tour à tour des sentiments opposés : la rage, l'angoisse, le désespoir, enfin des sourires affreux se peignirent successivement sur les traits de l'assassin.

Plusieurs personnes qui assistaient à ce spectacle hideux en éprouvèrent un tel saisissement qu'elles furent forcées de quitter l'amphithéâtre ; un *gentleman* tomba évanoui et dut être emporté au dehors : à la suite de l'émotion qu'il avait éprouvée, il demeura pendant plusieurs jours frappé d'une véritable obsession morale.

On termina ces terribles scènes en mettant en action par le fluide électrique les articulations des doigts de la main en faisant passer le courant de la moelle épinière au nerf cubital : on vit les doigts se mouvoir avec autant d'agilité que ceux d'un joueur de violon. Un des assistants essaya de maintenir fermé le poing du cadavre, mais la main s'ouvrait en dépit de ses efforts. Ensuite, après avoir préalablement fermé le poing du sujet, on appliqua le conducteur de la pile sur une légère incision faite au bout du doigt indicateur. Le doigt s'étendit aussitôt et le bras tout entier fut pris de mouvements convulsifs.

Le cadavre semblait ainsi montrer du doigt les différents spectateurs, dont quelques-uns terrifiés le croyaient revenu à la vie (1).

(1) La *pile de Volta*.

FOUDRE

ECLAIR ET TONNERRE

La foudre est la *décharge électrique* qui s'opère entre un nuage orageux et le sol. Le sol, sous l'influence de l'électricité du nuage, se charge d'électricité contraire et lorsque l'effort de deux électricités pour se réunir l'emporte sur la résistance de l'air, l'étincelle jaillit tout à coup, on dit alors que la *foudre tombe*.

La foudre tombe sur les objets les plus rapprochés de la nue.

En effet ce sont les arbres, les édifices, les métaux qui sont plus particulièrement frappés. C'est pourquoi il est imprudent de se placer sous les arbres en temps d'orage.

La foudre tue les hommes et les animaux, enflamme les matières combustibles, fond les métaux, brise en éclat les corps peu conducteurs.

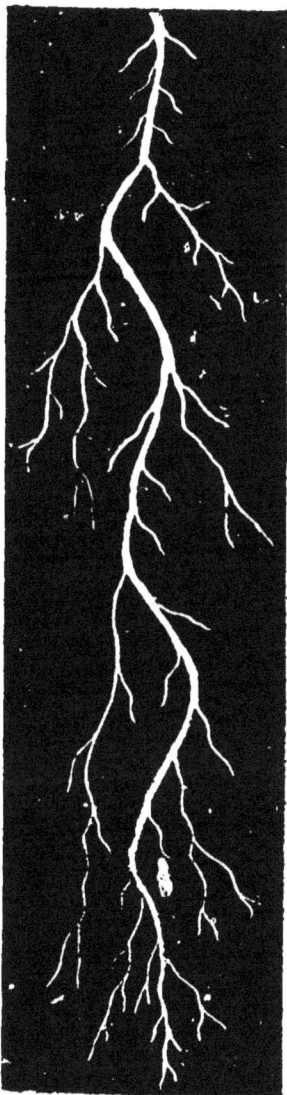

En pénétrant dans le sol, elle fond les matières siliceuses qui se trouvent sur son passage et il se produit ainsi des tubes vitrifiés qu'on a nommés *tubes fulminaires* ou *fulgurites*. Ces sortes de tubes peuvent avoir jusqu'à un mètre de long. Enfin elle fausse les boussoles.

On appelle *choc en retour* une commotion violente et même mortelle que ressentent parfois les hommes et les animaux à une assez grande distance du lieu où la foudre éclate.

L'influence du nuage exerçant sur tous les corps placés dans sa sphère d'activité donne

Le fluide électrique.

lieu à ce phénomène. Ces corps se trouvent alors ainsi que le sol chargés d'électricité contraire à celle du nuage ;

Tout à coup un éclair illumine l'obscurité (page 92).

mais, si celui-ci se décharge par la décomposition de son électricité avec celle du sol, immédiatement l'influence cesse et les corps revenant brusquement de l'état électrique à l'état neutre, il en résulte la secousse qui caractérise le choc en retour.

La détonation violente qui succède à l'éclair dans les nuées orageuses est le *tonnerre*.

Entre l'éclair et le tonnerre on observe toujours un intervalle de plusieurs secondes qui provient de ce que le son ne parcourt qu'environ 337 mètres par seconde tandis que la lumière n'emploie qu'un intervalle inappréciable, pour se propager de la nue à l'œil de l'observateur.

Le bruit du tonnerre résulte de l'ébranlement qu'incite dans la nue et dans l'air la décharge électrique.

Près du lieu où jaillit l'éclair, le bruit du tonnerre est sec et de durée courte.

Plus loin on entend une série de bruit, qui se succèdent rapidement. De plus, lorsque la distance devient plus grande, le bruit faible au commencement se change en un roulement prolongé dont l'intensité est très inégale. On l'attribue à la réflexion du son sur la terre et sur les nuages.

L'*éclair* est la lumière éblouissante projetée par l'étincelle électrique qui jaillit entre deux nuages chargés d'électricité.

Dans les basses régions de l'atmosphère, la lumière des éclairs est blanche, mais dans les hautes régions où l'air est plus raréfié, elle prend une teinte violacée comme le fait l'étincelle de la machine électrique en pareil cas.

Quelquefois les éclairs ont plusieurs lieues de longueur.

On a attribué aussi ce phénomène aux zygzags mêmes de l'éclair en admettant qu'il y a un maximum de compression de l'air à chaque angle saillant, ce qui produit une inégale intensité du son.

Leur passage dans l'air s'opère toujours en zigzag. On attribue ce phénomène à la résistance que présente l'air comprimé par le passage d'une forte décharge. L'étincelle dévie alors de la ligne droite, pour prendre le passage le plus facile où la résistance est moindre, car lorsqu'une étincelle jaillit dans le vide, la décharge a lieu en ligne droite.

Les éclairs sont de quatre sortes :

1° Les éclairs en zigzag qui se meuvent avec une extrême vitesse ;

2° Les éclairs qui, au lieu d'être linéaires, illuminent tout un horizon sans paraître de contour ;

3° Les éclairs dits « de chaleur », parce qu'ils brillent

dans les nuits d'été, sans qu'on aperçoive aucun nuage, et sans qu'on entende aucun bruit;

4° Les éclairs apparaissant sous forme d'un globe de feu. Ils sont visibles quelquefois pendant dix secondes,

ils descendent des nuages sur la terre assez lentement. Arrivés sur le sol, ces éclairs rebondissent; d'autres fois ils se divisent et éclatent avec un bruit comparable à plusieurs pièces de canon.

La foudre prend généralement cette forme pour pénétrer à l'intérieur des édifices.

Les nuages ne diffèrent entre eux que par une tension

électrique plus ou moins forte, et sont *électrisés tantôt positivement tantôt négativement.*

L'explication est facile sur la formation des nuages positifs, puisque les vapeurs qui se dégagent du sol vont se condenser dans les hautes régions pour former des nuages positifs. Quant aux nuages négatifs, on admet qu'ils sont le résultat de brouillards qui, par leur contact avec le sol, se sont chargés négativement, qu'ils conservent ensuite en s'élevant dans l'atmosphère.

Rien de plus bizarre que les effets de la foudre. On dirait d'un esprit intelligent, mystérieux et fantasque, se plaisant parfois à terroriser les hommes par l'horrible soudaineté de ses coups, et parfois, au contraire, se montrant sous l'aspect d'un prestidigitateur facétieux.

Citons quelques faits. Voici d'abord la foudre malfaisante et brutale :

Le 14 juillet dernier — c'est l'*Osservatore cattolico* de Milan qui le raconte, — pendant une violente perturbation atmosphérique qui se fit sentir dans une grande partie de l'Italie, la foudre décima, en un clin d'œil, une famille tout entière ; le maire de Saint-Ambroise Garigliano, sa femme, leurs trois jeunes filles et deux servantes.

Quelquefois la scène de tuerie tourne au macabre. Il arrive en effet que les malheureux foudroyés sont frappés si instantanément, qu'ils demeurent dans la position où ils se trouvaient.

Ainsi, il y a environ cinquante ans, quatre paysans français furent atteints par la foudre au moment où ils mangeaient leur repas sous un arbre. On les trouva là, quelques heures après, noirs et raidis, semblables à quelque groupe funèbre d'un réalisme atroce.

Par bonheur, les cas inoffensifs, j'allais dire amusants, sont aussi fréquents.

Il n'y a pas longtemps encore, le *Journal des Débats* racontait le fait suivant, arrivé dans une petite ville du midi de la France. Pendant un orage s'avançaient sur la grande route un cavalier et trois piétons. Ceux-ci tenaient en main leur parapluie. Tout à coup un éclair aveuglant illumine l'obscurité. Le cheval et le cavalier sont jetés à terre, et les piétons violemment secoués laissent échapper leurs parapluies respectifs. Aussitôt des passants accourent pour porter secours à ces pauvres gens. Résultat : L'heureux cavalier n'avait à déplorer que la perte totale de ses bottes et de ses chaussettes rentrées dans le néant. Sa personne et ses vêtements étaient demeurés intacts. Quant aux piétons, un seul eut la consolation de retrouver son parapluie.

Les deux autres avaient disparu.

On narre — c'est je crois Camille Flammarion — un

autre fait dont le comique a quelque chose de providentiel.

Jugez plutôt :

C'était, je ne sais où, sur une place publique. La fête foraine battait son plein. Une foule avide de badauds se trouvait à ce moment rassemblée devant des tréteaux sur lesquels une femme travestie en homme s'époumonait à chanter. La joie de tous était visible, malgré les menaces d'un ciel de plomb. Soudain la foudre éclate et dépouille si bien la chanteuse de son travestissement, qu'on est obligé de l'envelopper rapidement de n'importe quoi et de l'emporter. Elle en fut quitte — et la foule aussi — pour une émotion passagère.

Mais la foudre est d'autres fois sérieuse. Elle travaille. Du moins se livre-t-elle à des passe-temps d'amateur. Un jour elle fait de la galvanoplastie, un autre jour elle se permet le snobisme de la photo.

Les documents ne manquent pas. En voici quelques-uns choisis comme au hasard :

J'emprunte encore le premier à l'*Osservatore* de Milan.

A Nantes, près du pont de l'Erdre, sur le quai de Flesselles, un promeneur fut enveloppé tout à coup par la flamme d'un éclair extrêmement brillant. Or il avait en poche un porte-monnaie contenant dans un compartiment des pièces en argent, et dans le compartiment voisin une pièce en or. Notre homme ne ressentit aucun mal de l'accident. Seulement quand il voulut, quelques instants après, payer un petit achat qu'il venait de faire, il s'aperçut que sa pièce d'or avait disparu, et qu'il ne se trouvait dans son porte-monnaie que trois pièces d'argent. La foudre s'était amusée à argenter son louis au détriment de ses deux écus.

Plus curieux encore sont les passe-temps photographiques de la foudre. Je me borne à deux ou trois faits absolument authentiques.

M. Flammarion, qui a recueilli une foule d'observations sur ces phénomènes intéressants, rapporte que le 29 mai 1868, un furieux ouragan se déchaîna sur Chambéry et ses environs. Un détachement de soldats, qui se livraient à des exercices de tir, surpris par le mauvais temps, se débanda pour chercher un abri de ci, de là.

La foudre tomba sur un châtaignier sous lequel s'étaient réfugiés six soldats. Or, les six hommes furent tués, et l'on trouva, sur le bras de l'un deux, l'empreinte photographique de trois branches du châtaignier, reproduites avec la plus minutieuse exactitude.

Pareille chose arriva, suivant Kirn, à Berghein (Haut-Rhin), le 27 juin 1887. Deux voyageurs qui s'étaient abrités sous un tilleul, furent foudroyés, et leurs cada-

7

vres, quand on les découvrit, portaient au dos et aux jambes l'image des feuilles du tilleul.

Enfin, Leroy, de l'Académie des sciences, raconta, en 1786, comment le célèbre Franklin lui certifia le fait d'un homme ayant vu tomber la foudre sur un arbre, placé en face de lui, et ayant conservé, tout le reste de sa vie, la photographie de l'arbre imprimée sur sa poitrine.

La science humaine est admirable, mais il lui reste encore bien des mystères à expliquer.

En Bohême, à Philippstojen, un coup de foudre vaporisa l'or du cadran du clocher et s'en fut dorer le plomb de la fenêtre de la chapelle. On peut se rendre compte à la rigueur de ces faits singuliers, mais il devient tout à fait malaisé d'expliquer les suivants :

Un jour, un soldat qui sortait de la caserne avec son fusil sur l'épaule, reçoit la décharge de la foudre et est renversé. On accourt, on le relève et on le porte sur le lit de camp. On ne peut le rappeler à la vie. En le désha-

billant, on trouve sur son dos bien tracée l'image très
fine des pavés de la rue en grandeur naturelle.

Dans l'été 1865 un médecin des environs de Vienne
(Autriche) le docteur Derendinger revenait chez lui en
chemin de fer. En descendant au moment où il s'apprêtait
à donner son billet, il s'aperçut qu'il n'avait plus son
porte-monnaie. Il fit sa déclaration : son porte-monnaie
était en écaille portant d'un côté incrusté en acier son
monogramme, deux D entrecroisés. Le hasard voulut que
trois jours après on appelât ce docteur pour donner ses
soins à un homme que l'on avait trouvé gisant inanimé
sous un arbre frappé par la foudre. L'homme fut désha-
billé : sur la peau de la cuisse se dessinaient nettement
deux D entrelacés. Le porte-monnaie volé se trouvait
dans la poche du foudroyé. La foudre avait indiqué le
voleur. L'électricité ici avait fondu l'acier et le métal en
fusion avait laissé sa trace sur les tissus, Le transport des
parcelles métalliques par l'électricité est d'ailleurs assez
commun. En général les phénomènes électriques orageux
se réduisent pour la majorité aux éclairs, grondement du
tonnerre, et quelquefois des apparitions de sphères de feu
qui traversent lentement les rues ou suivent le faîtage
des maisons. Puis coups de foudre. Les manifestations
de l'électricité atmosphérique ne sont pas toujours aussi
simples ; elles se traduisent quelquefois par des singula-

rités qu'il est difficile d'expliquer encore dans l'état de nos connaissances.

On nous envoyait un jour du Tyrol la description d'un fait curieux. Deux touristes surpris à la tombée du jour par un orage violent en pleine montagne à 1.600 mètres de haut, s'abritent sous un gros rocher. Leurs bâtons piqués en terre étaient lumineux et la pluie elle-même phosphorescente. Après l'averse des aigrettes de feu s'échappaient des bâtons et tout autour des rochers on voyait se dresser comme des feux follets de petites lueurs bleuâtres. Brusquement l'orage redouble de violence ; les apparitions lumineuses cessent ; mais instantanément un éclair brille, un des bâtons est pulvérisé et les deux touristes débarrassés comme par magie de leurs manteaux et de leurs vestons. Ils ressentirent un léger choc, qui les obligea à s'agenouiller mais sans aucune perte de connaissance. Ils cherchèrent après l'orage, et par un beau clair de lune leurs manteaux : ils n'en trouvèrent aucune trace.

S'il n'y avait des antécédents nombreux à ces singuliers phénomènes, on serait tenté de les mettre en doute. Mais on en possède des exemples très authentiques. Les faits sont à peu près inexplicables sans doute ; mais ils sont certains.

Le docteur Gaultier de Chambéry reçut une fois une décharge qui ne lui fit même pas perdre connaissance, mais sa barbe fut rasée jusqu'à la racine... et les bulbes détruits, car elle ne repoussa jamais.

Un homme court sur une route pour fuir l'orage, il est coupé exactement en deux parties symétriques. Un autre veut se mettre à l'abri sous une grange, il est surpris par la foudre, qui, sans lui faire de mal, lui enlève son veston et lui enfonce sa casquette jusqu'au menton.

Les préférences de la foudre pour telle ou telle région du corps sont vraiment bizarres. On a observé tel cas, où les vêtements jusqu'à la chemise étaient brûlés, déchiquetés, et la surface de la peau restait intacte. Au contraire on cite un homme qui eut presque tout le côté droit brûlé, depuis le bras jusqu'au pied sans que sa chemise, son caleçon et le reste de ses habits fussent même roussis.

M. Neale a mentionné un cas où les mains étaient restées intactes. Quelquefois les vêtements apparaissent sans brûlure : puis quand on les retire, on s'aperçoit que la doublure a disparu.

A Gien (Nièvre) une femme faisait des aspersions d'eau bénite pendant l'orage. Le tonnerre tombe, lui brise la bouteille entre les mains, soulève le carrelage de la pièce et ne lui fait aucun mal.

Le 5 septembre 1897, la foudre était tombée à Lorcien-Amblangnieu, dans la région de Grenoble, sur une maison occupée par un sieur Ducarré, marchand de pierre, chez lequel se trouvaient en vacances ses trois petits fils, les frères Péju.

Ces trois jeunes gens, âgés de dix-sept, quinze et treize ans, ont été atteints d'une façon curieuse par la foudre.

L'aîné, qui jouait du piston à ce moment, a été projeté à terre et il est resté sourd pendant plusieurs heures ; son instrument a été complètement tordu.

Le second a été grièvement brûlé d'un côté et à la joue et a eu ses vêtements déchirés et brûlés du côté gauche.

Quant au plus jeune, il est resté quatre heures sans reprendre connaissance ; ses souliers ont été brûlés et les clous arrachés. Il portait à un pied et à la tête deux trous que lui a faits la foudre.

Une imprudence que commettent assez fréquemment beaucoup de personnes consiste à s'abriter sous les arbres quand viennent les pluies d'orage, alors que, pendant l'été surtout, elles sont en promenade ou occupées aux travaux des champs, loin de toute habitation.

C'est une habitude dangereuse, particulièrement quand les arbres sont touffus et situés sur une élévation de terrain, plus dangereuse encore quand ils sont isolés au milieu d'une plaine. Si la foudre en tombant ne détermine pas toujours la mort, elle peut causer des brûlures, la perte de la vue, de l'ouïe, des paralysies incurables.

Voici quelques conseils basés sur l'observation que formule le docteur Layet : Si l'on est surpris aux champs par un orage, dit-il, il faut bien se garder de courir pour chercher un abri, car on a vu des individus frappés de la foudre dans un pareil moment, le courant d'air qu'ils déplacent, en courant ainsi, appelant la foudre.

Il faut s'éloigner au plus vite d'une masse liquide (cours d'eau, mares, étangs, etc.) ; mais on ne doit pas craindre d'être mouillé par la pluie d'orage, l'électricité se perdant facilement, conduite qu'elle est, dans le sol par les vêtements et les chaussures humides.

Dans l'intérieur d'une habitation, pendant l'orage, il faut avoir le soin de fermer portes et fenêtres, de se dépouiller de tout ornement ou objet métallique qu'on aurait sur soi : de s'éloigner des cheminées à cause de la suie, qui est un bon conducteur de l'électricité ; enfin si on se couche, on devra se garder de laisser auprès du lit un chandelier en métal ou tout autre objet analogue qui attire la foudre : car les cas de froudroiement dans le lit sont presque toujours dus à une pareille cause.

Lors des derniers orages qui ont bouleversé notre atmosphère embrasée, on a constaté des éclairs d'une durée exceptionnelle au moins en apparence et la question s'est tout aussitôt posée de la durée d'un éclair. Quelle peut être, quelle est cette durée ?

En dehors de la mesure directe du temps, fort difficile à connaître d'ailleurs, pour de très petites périodes, la photographie instantanée nous fournit sur ce point d'assez intéressants résultats. Il faut, en effet, se défier toujours lorsqu'on procède à ce genre de recherches, de la persistance que peuvent avoir les impressions visuelles après la terminaison réelle du phénomène lumineux. La plaque sensible de l'appareil photographique est fonctionnellement plus sincère.

M. L. Weber, de Breslau, en procédant de cette façon, assigne à un bel éclair bien net la durée d'une demi-seconde. M. Trouvelot est arrivé à des conclusions analogues.

Nous voilà bien loin des éclairs durant deux secondes dont il a été audacieusement parlé : cette apparence de durée était évidemment due soit à des coïncidences d'éclairs soit à la confusion faite, outre l'éclairement du coup de fouet proprement dit de l'éclair et l'illumination due à des causes coïncidentes de la région céleste dans laquelle la décharge électrique se produisait.

Préservations de la foudre

Pour nous résumer, donnons ici en bloc les précautions à prendre :

Pour se préserver de la foudre, il faut surtout éviter le voisinage des arbres isolés et celui des murs.

Ne jamais se mettre, surtout en pleine campagne, sous un arbre ou une meule de foin ; il vaut cent fois mieux se laisser tremper jusqu'aux os.

Dans une maison, il faut éviter le voisinage des cheminées, car la suie est bonne conductrice de la foudre, et se tenir le plus possible au milieu des pièces.

Il faut aussi avoir soin d'éviter l'agglomération des personnes, les courants d'air, les objets en fer ou en métal portés sur soi-même.

Les vêtements mouillés, meilleurs conducteurs, laissent la foudre s'écouler à leur surface. Il est donc préférable si on se trouve en pleine campagne de se laisser tremper pendant un orage.

Il est toujours excessivement dangereux de sonner les cloches pendant un orage, car si la foudre tombe sur le clocher, elle suit la corde et foudroie le sonneur.

Ils sont très nombreux les accidents dus à cette dangereuse coutume.

Il ne faut pas non plus s'abriter dans les églises, car les hauts clochers attirent aussi la foudre.

En parlant des caprices de la foudre, il nous faut dire que les hommes sont plus souvent frappés que les femmes. On a remarqué que depuis une trentaine d'années, il y avait eu sur 3270 personnes blessées ou tuées, 2323 hommes et 947 femmes.

Les navires et la foudre

On a remarqué que les navires en fer étaient rarement frappés par la foudre, même dans les régions tropicales, où les orages sont si fréquents et si violents. Cela tient à ce que l'électricité de l'atmosphère est directement transmise à la mer par le navire et ses gréements métalliques, qui ne forme qu'un seul conducteur sans aucune interruption.

LE PARATONNERRE

La découverte du principe du paratonnerre

Rappelons ici cette curieuse expérience électrique de Franklin d'où découle la découverte du Paratonnerre.

Franklin construisit, ainsi que nous l'avons vu précédemment, un cerf-volant fermé par deux bâtons revêtus d'un mouchoir de soie.

Il arma le bâton longitudinal d'une pointe de fer à son extrémité la plus élevé. Il attacha au cerf-volant une corde de chanvre terminée par un cordon en soie. Au point de jonction du chanvre, qui était conducteur de l'électricité et du cordon en soie, qui ne l'était pas, il mit une clef où l'électricité devait s'accumuler et annoncer sa présence par des étincelles. Son appareil ainsi disposé, Franklin se rend dans une prairie un jour d'orage. Le cerf-volant est lancé dans les airs par son fils, qui le retient par un cordon de soie, tandis que lui-même, placé à quelque distance, l'observe avec anxiété. Pendant quelque temps il n'aperçoit rien et il craint de s'être trompé. Mais tout d'un coup les fils de la corde se raidissent et la clef se charge. C'est l'électricité qui descend. Il court au cerf-volant, présente son doigt à la clef et ressent une forte commotion qui aurait pu le tuer et qui le transporte de joie.

Sa conjecture se change en certitude et l'identité de la matière électrique et de la foudre est prouvée.

Cette vérification hardie, cette découverte immortelle, qui devait le placer au premier rang dans la science, fut faite en juin 1752. De même que l'observation le menait ordinairement à une théorie, la théorie était toujours suivie d'une application utile ; il aimait à acquérir le savoir, mais bien plus à le faire servir au progrès et au bien-être du genre humain. Il constata que des tiges de fer pointues, s'élevant dans l'air et s'enfonçant à quelques pieds dans la terre humide ou dans l'eau, avaient la propriété ou de repousser les corps chargés d'électricité, ou de donner silencieusement et imperceptiblement passage au feu de ces corps, ou encore de recevoir ce feu sans l'abandonner, s'il se précipitait sur elles par une décharge instantanée, et de le conduire jusqu'à la grande masse terrestre sans qu'il fît aucun mal. Il conseilla dès lors de mettre à l'abri de l'électricité formidable des nuages les monuments publics, les maisons, les vaisseaux au moyen de ces pointes salutaires qui les préserveraient des atteintes ou des effets de la foudre. Non seulement il détermina le mode d'action de ces pointes, mais il circonscrivit l'étendue circulaire de leur influence. A la grande découverte de l'électricité céleste, il ajouta le bienfait rassurant des paratonnerres.

L'Amérique et l'Angleterre les adoptèrent ets'en couvrirent. L'orageuse atmosphère fut désarmée de ses périls, et ceux-là seuls restèrent exposés aux coups de la foudre, que l'ignorance ou le préjugé détourna de s'en garantir.

Le paratonnerre est donc cet appareil que l'on place sur les édifices pour les préserver des effets de la foudre, et qui, imaginé par Franklin, est fondé sur le pouvoir des pointes.

Le paratonnerre le plus commun se compose d'une tige de fer terminée par une pointe de cuivre ; sa longueur varie de 5 à 10 mètres ; la tige est mise en communication avec le sol par un conducteur et avec toutes les pièces métalliques du bâtiment. Pour établir la communication avec la terre d'une façon efficace, on fait rendre le conducteur dans des puits profonds remplis d'eau ou de braise de boulanger. Cette dernière substance

conduit bien l'électricité et empêche l'oxydation de la chaîne métallique.

Afin de préserver le pied du paratonnerre de la rouille, on le fait passer dans une auge remplie de charbon de bois : cette auge est fermée avec des briques.

L'expérience a prouvé que du fer ainsi entouré de braise n'éprouve pas d'altération sensible dans l'espace de trente années. Le conducteur, à la sortie de l'auge perce le mur du puits dans lequel il doit descendre ; l'extrémité en est terminée par deux ou trois racines, pour faciliter l'écoulement de l'électricité.

Il est utile de choisir, pour le pied du paratonnerre, l'endroit le plus humide autour de l'édifice, et d'y diriger les eaux pluviales, afin de l'entretenir dans un état constant d'humidité.

Les barres de fer qui forment le conducteur présentant, en raison de leur rigidité, quelque difficulté pour lui faire suivre le contour des édifices, on a imaginé de les remplacer par des cordes formées de fils métalliques goudronnés.

Si l'édifice renferme des pièces métalliques un peu considérables, comme des lames de plomb appliquées sur le faitage et sur les arêtes des toits, des gouttières, etc., il est bon de les faire communiquer au paratonnerre.

L'observation paraît indiquer qu'une tige de paratonnerre protège autour d'elle efficacement contre la foudre un [espace circulaire d'un rayon double de sa longueur.

Lorsqu'on place deux paratonnerres sur le même édifice, il suffit de leur donner un conducteur commun.

En général, chaque paire de paratonnerres exige un conducteur : quel que soit le nombre des paratonnerres, on les rendra tous solitaires, en établissant une communication intime entre les pieds de toutes les tiges.

On doit toujours faire parvenir la foudre dans le sol par le chemin le plus court. On garantit de la foudre les bâtiments isolés par des conducteurs plus ou moins inclinés sur leurs différentes faces. Ils sont destinés à décharger les lambeaux de nuages qu'un coup de vent violent précipiterait sur quelqu'une de ses faces.

Le paratonnerre ne doit point offrir de solution de

continuité ; si cette condition est remplie, il n'y a rien à craindre ; car c'est une propriété constante de l'électricité de suivre les meilleurs conducteurs ; ainsi on décharge impunément une forte batterie, en tenant dans la main le conducteur métallique qui en réunit les deux armures.

Un oiseau qui touche le même conducteur, dans une expérience analogue, ne reçoit aucune commotion. De la poudre à tirer qui enveloppe l'excitateur ne subit aucune altération.

Cependant en faisant ces expériences, on éprouve quelquefois une commotion instantanée qui est incomparablement plus faible que celle de la batterie. L'électricité libre, en passant près de la main de l'expérimentateur, agit par influence sur l'électricité naturelle de cet organe et la décompose. Le retour à l'état naturel, aussitôt que la décharge de la batterie a eu lieu, produit une commotion : c'est là le choc latéral. On peut constater ce fait d'une autre manière : si on place un pistolet de Volta, rempli d'un mélange d'hydrogène et d'oxygène, à proximité du conducteur, au moment de la décharge d'une forte batterie, il y a explosion. Le choc latéral est d'autant plus faible que le conducteur a de plus grandes dimensions. On est donc le maître de l'atténuer autant qu'on veut.

L'utilité des paratonnerres a été d'abord vivement contestée ; on avait pensé qu'ils étaient plus propres à provoquer la chute de la foudre sur un édifice qu'à la prévenir, mais l'expérience a prononcé, et l'utilité en est aujourd'hui généralement reconnue.

Que fait donc le paratonnerre ? La présence d'un nuage produit la décomposition de son électricité, chasse dans le sol l'électricité de même nature, et attire à la pointe l'électricité de nature opposée. L'intensité de cette dernière doit être d'autant plus grande que l'action du nuage est forte ; et lorsque la pression est capable de vaincre la résistance de l'air, l'électricité se combine avec une portion de l'électricité du nuage qui finit par être déchargé ; il s'éloigne ensuite, après avoir été d'abord attiré, en obéissant à l'action du vent, comme le physicien Charles l'a vu plusieurs fois, en présentant, à des nuages orageux, des cerfs-volants armés de pointes métalliques et attachés à des cordes conductrices.

On imite ce phénomène, en suspendant au conducteur d'une machine électrique un lambeau de coton attaché à un fil de lin, et en présentant une pointe métallique à ce coton électrisé.

Paratonnerres naturels

Certains arbres peuvent servir de paratonnerres naturels.

C'est ainsi que les peupliers, tout particulièrement, peuvent remplir ce rôle lorsqu'ils sont voisins des maisons. Il ne faut pas toutefois qu'à proximité de la maison et du côté opposé se trouve une pièce d'eau, une mare ou un ruisseau, car alors la foudre s'y dirigerait en passant par la maison en y causant de graves désastres et même en l'incendiant.

Un physicien suisse, M. Daniel Colladon, de Genève, donne le conseil de munir les troncs des arbres élevés qui sont voisins des habitations d'une forte tige de métal qui, arrivée au sol, serait continuée jusqu'à un puits, ou enfouie profondément dans un sol humide.

ANIMAUX ELECTRIQUES

Certains poissons ont la propriété lorsqu'on les irrite, de faire ressentir à ceux qui les touchent des commotions que l'on peut comparer à celles d'une bouteille de Leyde.

On connaît plusieurs espèce de poissons dits « électriques », par exemple la torpille, le gymnote, le silure.

La torpille, qui est très commune dans la Méditerranée, a été très étudiée par MM. Breschet et Becquerel en France, et en Italie par M. Matteucci.

Le gymnote l'a été par MM. de Humboldt et Bompland en Amérique ; en Angleterre par M. Faraday, qui s'en était procuré de vivants.

Cette propriété leur sert d'armes offensive et défensive ; mais la commotion s'affaiblit à mesure qu'elle se

renouvelle et que les animaux perdent de la vitalité
M. Faraday compare cette commotion à la force de
15 bouteilles de Leyde se déchargeant à la fois ; des chevaux peuvent succomber à ces décharges.

Plusieurs expériences prouvent que les commotions
ont bien pour cause l'électricité ordinaire. Si l'on touche
le dos de l'animal avec la main et de l'autre le ventre, à
cet instant on ressent une commotion dans les poignets
et dans les bras. Si l'on fait passer le courant d'une torpille dans une hélice au centre duquel est un barreau
d'acier, celui-ci est aimanté par le courant de la décharge.

Voici ce que M. Matteucci a constaté :

1° Quand une torpille est vivace, elle peut donner la
commotion par un point quelconque de son corps, mais
à mesure que la vitalité de l'animal s'épuise, les points
d'où il peut donner la commotion se rapprochent de plus
en plus de l'organe qui sert de siège au développement
de l'électricité.

2° Un point quelconque du dos est toujours positif par
raport au point correspondant du ventre.

3° De deux points inégalement éloignés de l'organe
électrique, le plus rapproché joue toujours le rôle de
pôle positif et le plus éloigné celui de pôle négatif. L'inverse a lieu sur les points du ventre.

Parlons maintenant de l'organe électrique. Il est double et formé de deux parties symétriques situées des deux côtés de la tête et s'attachan! aux os du crâne par leur face interne. Ces deux parties se réunissent entre elles en avant des os du nez, mais sont séparées de la peau par une forte aponévrose. Chacun des organes est formé d'un très grand nombre de petites masses prismatiques placées les unes à côté des autres allant de la face interne à l'externe. Cet ensemble représente un rayon de miel si une section perpendiculaire aux arêtes des prismes est pratiquée dans l'organe.

Ces prismes perpendiculairement à leurs arêtes sont divisés par des diaphragmes formant des petits compartiments identiques entre elles.

Elles sont remplies de neuf parties d'eau pour une d'albumine et d'un peu de sel marin.

M. Matteucci a cherché le rapport qu'il y avait entre le cerveau et l'organe électrique. Pour cela il mit à nu le cerveau d'une torpille vivante, il observa que les trois premiers lobes peuvent être irrités sans produire de décharge, et que s'ils sont enlevés, l'animal possède encore la faculté de faire sentir une commotion.

Au contraire le quatrième lobe ne peut être irrité sans qu'aussitôt la décharge se produise ; s'il est enlevé, tout dégagement d'électricité disparaît quand même que les autres lobes restent intacts.

Donc il faut admettre que la source première de l'électricité élaborée serait le quatrième lobe, d'ou elle serait transmise aux organes par l'intermédiaire des nerfs.

Les aimants

Une aiguille aimantée, transportée dans des lieux peu éloignés les uns des autres, conserve sensiblement la même direction (1). Cela est encore vrai, soit qu'on s'élève dans la verticale, soit qu'on pénètre dans l'intérieur de la terre. Pour commencer à découvrir quelque léger changement dans la direction d'une aiguille aimantée ordinaire, il faut que les points d'observation soient

(1) En septembre 1807, la Société impériale de géographie de Saint-Pétersbourg recevait des renseignements de grand intérêt sur des déviations annuelles de la boussole que l'on constate dans la partie septentrionale du district de Provenets (province d'Olonets). Ces déviations sont surtout sensibles aux grands rapides du Vyga, à l'endroit désigné par un minéralogiste, M. Inostruatsew, comme particulièrement riche en gisements de minerai de fer.

distants de plusieurs lieues. On a conclu de ce fait que la force magnétique du globe peut être censée agir, comme la pesanteur, parallèlement à elle-même, dans les lieux peu éloignés, et que conséquemment toutes les considérations de mécanique relatives à l'équilibre des corps pesants sont applicables aux corps magnétiques.

Il faut seulement se rappeler qu'ils sont à la fois pesants et magnétiques.

Il existe dans la nature des corps qu'on appelle *aimants*. Ces corps sont des pierres ferrugineuses, c'est-à-dire qui contiennent du fer en grande quantité, et elles ont la propriété d'attirer à elles le fer. On a donné à cette propriété le nom de *magnétisme*.

En frottant un barreau d'acier sur une pierre d'aimant, on lui communique la vertu de cette dernière. Alors le barreau d'acier devient ce qu'on appelle un *aimant artificiel*, et il agit absolument comme l'aimant naturel. Si on le plonge dans de la limaille de fer, il en sort tout hérissé; il enlève des aiguilles, des morceaux de fer plus ou moins gros, suivant sa propre grosseur. Il les attire à lui d'une certaine distance et quand on approche l'aimant de ces corps, s'ils ne sont pas trop pesants, on les voit sauter à lui et s'y attacher, de manière qu'il faut un effort sensible pour les arracher. Cette adhérence est même assez forte pour qu'un bon aimant puisse retenir suspendu un corps beaucoup plus pesant que lui. Indépendamment de cette propriété, l'aimant en possède encore une autre, que voici :

Lorsqu'un aimant est placé de manière à pouvoir se mouvoir librement, comme, par exemple, un barreau d'acier aimanté suspendu à un fil, ou mobile sur un pivot, il tourne et se meut, jsqu'à ce qu'un de ses bouts soit dirigé vers le nord et l'autre vers le sud. C'est dans les deux extrémités du barreau que se manifeste sa vertu d'attraction. On donne à ces deux extrémités le nom de pôles. Chacune de ces extrémités attire également les corps de fer ou d'acier non aimanté. Mais il n'en est pas de même si on leur présente un autre aimant. Dans ce dernier cas, il arrive que les deux aimants s'attirent lorsqu'on présente l'extrémité que l'un tourne vers le sud, tandis qu'ils se repoussent si l'on présente un des pôles de l'un au même pôle de l'autre. C'est absolument la même chose que ce qui se passe entre deux corps électrisés. Et il y a encore entre le magnétisme et l'électricité d'autres analogies qui ont fait penser à de grands physiciens que les deux sortes de phénomènes étaient produites par la même cause, et que le fluide magnétique était le même que le *fluide électrique*.

A cause de cette attraction entre les pôles différents et de cette répulsion entre les pôles semblables, on a

Les poissons électriques (page 115).

cru devoir donner le nom de pôle austral à celui qui se tourne vers le nord ; et de pôle boréal à celui qui se tourne vers le sud.

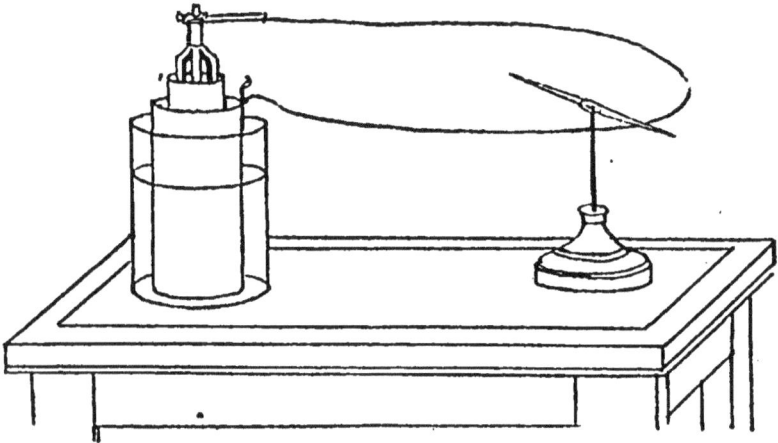

Cette propriété qu'a le barreau aimanté de se diriger dans le sens des pôles de la terre a donné naissance à *la boussole*.

Cet instrument si précieux pour les marins, si indispensable pour la navigation, consiste en une boîte renfermant une aiguille aimantée qui se tourne librement sur un pivot. Le pivot est placé au milieu d'un cercle sur lequel sont indiqués les points cardinaux et tous les points intermédiaires. La boussole est suspendue de manière à conserver toujours une position horizontale dans tous les mouvements du navire ; la position constante de l'aiguille, qui se tient toujours du sud au nord, tandis que le cercle indiquant les points cardinaux change de position au-dessus d'elle, suivant la direction que prend le navire, avertit le pilote de la route qu'il tient, et fait connaître s'il est convenable d'en changer pour arriver au but que l'on veut atteindre. C'est ainsi que l'on peut avec certitude retrouver un point précis et déterminé au milieu de l'immensité de l'océan.

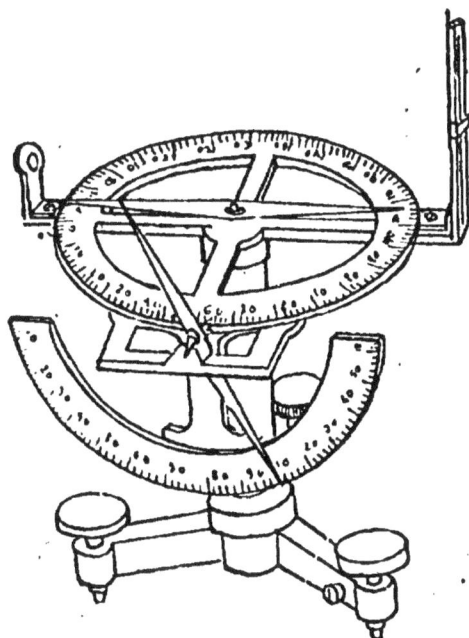

On a imaginé beaucoup de tours, qui ont une apparence merveilleuse aux yeux des ignorants, et dont les propriétés de l'aimant donnent tout de suite l'explication à ceux qui les connaissent.

On trouve les pierres d'aimant dans diverses mines de fer.

Il y a dans l'île d'Elbe une montagne nommée le mont Calimita, qui est une grosse pierre d'aimant dont on détache des morceaux qui fournissent des aimants très-puissants.

La présence des deux fluides dans toutes les parties d'un aimant se démontre par l'expérience suivante:

On prend une aiguille en acier, on l'aimante par des frictions avec l'un des pôles d'un aimant, puis, lorsque l'existence des deux pôles est constatée et de la ligne neutre au moyen de la limaille de fer, on brise l'aiguille suivant la ligne neutre.

Or en présentant successivement les deux moitiés aux pôles d'une aiguille mobile, on remarquera que les deux moitiés ont deux pôles et une ligne neutre, c'est-à-dire deux aimants ; et si l'on brisait encore ces morceaux le résultat serait le même. Donc les plus petites parties contiennent les deux fluides.

L'aimant et la Boussole

« Puisque nous venons de parler de *l'Aimant* et *de la Boussole*, rappelons cette jolie page de l'un de nos grands naturalistes français, L. de Jussieu.

« Il existe dans la nature des corps qu'on appelle *Aimants* a-t-il dit. Ces corps sont des pierres ferrugineuses c'est-à-dire qui contiennent du fer en grande quantité et elles ont la propriété d'attirer à elles le fer. On a donné à cette propriété le nom de *Magnétisme*.

« En frottant un barreau d'acier sur une pierre d'aimant, on lui communique la vertu de cette dernière. Alors le barreau d'acier devient ce qu'on appelle un aimant artificiel et il agit absolument comme l'aimant naturel. Si on le plonge dans de la limaille de fer, il en sort tout hérissé ; il enlève des aiguilles ; des morceaux de fer plus ou moins gros suivant sa propre grosseur. Il les attire à lui d'une certaine distance, et quand on approche l'aimant de ces corps, s'ils ne sont pas trop pesants, on les voit sauter à lui et s'y attacher de manière qu'il faut un effort sensible pour les arracher. Cette adhérence est même assez forte pour qu'un bon aimant puisse retenir suspendu un corps beaucoup plus pesant que lui.

« Indépendamment de cette propriété, l'aimant en possède encore une autre que voici :

« Lorsqu'un aimant est placé de manière à pouvoir se mouvoir librement, comme par exemple un barreau d'acier aimanté suspendu à un fil, mobile sur un pivot où il tourne, il se meut, jusqu'à ce qu'un de ses bouts soit dirigé vers le nord et l'autre vers le sud. C'est dans les deux extrémités du barreau que se manifeste sa vertu d'attraction. On donne à ces deux extrémités le nom de *pôles*. Chacune de ces extrémités attire également les corps de fer ou d'acier non aimanté. Mais il n'en est pas de même si on leur présente un autre aimant. Dans ce dernier cas, il arrive que les deux aimants s'attirent lorsqu'on présente l'extrémité que l'un tourne vers le nord à celle que l'autre tourne vers le sud, tandis qu'ils se repoussent si l'on présente un des pôles de l'un au même pôle de l'autre. C'est absolument la même chose que ce qui se passe entre deux corps électrisés. Et il y a encore entre le magnétisme et l'électricité d'autres analogies qui ont fait penser à de grands physiciens que les deux sortes de phénomènes étaient produites par la même cause et que le fluide magnétique était le même que le fluide électrique. A cause de cette attraction entre les pôles différents et de cette répulsion entre les pôles semblables, on a cru devoir donner le nom de *pôle austral* à celui qui se tourne vers le nord et de *pôle boréal* à celui qui se tourne vers le sud.

« Cette propriété qu'a le barreau aimanté de se diriger dans le sens des pôles de la terre a donné naissance à la *boussole*. Cet instrument précieux pour les marins si indispensable pour la navigation consiste en une boîte renfermant une aiguille aimantée qui tourne librement sur un pivot. Le pivot est placé au milieu d'un cercle sur lequel sont indiqué les points cardinaux et tous les points intermédiaires. La boussole est suspendue de manière à conserver toujours une position horizontale dans tous les mouvements du navire, la position constante de l'aiguille qui se tient toujours dirigée du sud au nord, tandis que le cercle indiquant les points cardinaux change de position au-dessus d'elle suivant la direction que prend le navire avertit le pilote de la route qu'il tient et fait connaître s'il est convenable d'en changer pour arriver au but que l'on veut atteindre. C'est ainsi que l'on peut avec certitude retrouver un point précis et déterminer au milieu de l'immensité de l'océen.

« On a imaginé beaucoup de tours qui ont une apparence merveilleuse aux yeux des ignorants et dont les propriétés de l'aimant donnent tout de suite l'explication a ceux qui les connaissent.

« On trouve les pierres d'aimants dans diverses mines de fer.

« Il y a dans l'île d'Elbe une montagne nommée le mont Calamita qui est une grosse pierre d'aimant dont on détache des morceaux qui fournissent des aimants très puissants. »

Propriétés des aimants.

Quand on roule un aimant dans de la limaille de fer et qu'on l'en retire ensuite, on le voit s'attacher inégalement aux diverses parties de sa surface.

1° On donne le nom de *pôles* aux deux points opposés sur lesquels la limaille s'est fixée en plus grande abondance.

2° L'action magnétique s'exerce à distance, et même à travers le vide.

3° La vertu magnétique se fait sentir indifféremment à travers toutes les substances conductrices ou non conductrices de l'électricité.

4° L'isolement n'est pas nécessaire à la conservation du magnétisme. Le contact des substances étrangères ne fait rien perdre aux aimants.

5° Un aimant abandonné à l'action seule du globe et libre de se mouvoir dans un plan horizontal, prend toujours en Europe une direction peu différente de celle du méridien.

On appelle déclinaison l'angle que forme l'aiguille

avec le méridien terrestre ou astronomique, lequel est, comme on sait, un plan vertical passant par le lieu de l'observation et par les deux pôles de la terre. Une aiguille libre de se mouvoir dans tous les sens prend une position inclinée à l'horizon dans le plan de l'aiguille horizontale. L'angle formé par la direction de l'aiguille avec l'horizon s'appelle l'*inclinaison*.

6° Lorsque plusieurs aiguilles aimantées sont libres dans un plan horizontal, celles de leurs extrémités qui se tournent vers le même pôle du globe doivent nécessairement posséder le même magnétisme. On observe d'ailleurs que ce sont celles qui, dans l'aimantation, ont été en contact avec un même pôle.

Approchées les unes des autres, elles se repoussent mutuellement. Au contraire, il y a attraction entre les extrémités qui ont reçu des magnétismes différents. De plus, lorsqu'on présente le pôle d'un aimant à une aiguille aimantée libre dans un plan horizontal, celle-ci est sollicitée par les deux pôles, mais elle obéit à celui des deux dont elle est le plus rapprochée ; de sorte que l'aiguille tourne vers le pôle de l'aimant le plus rapproché du pôle de nom contraire ; et si, lorsqu'elle a pris une position fixe, on l'en détourne, elle y revient par une suite d'oscillations.

L'action du globe est tout à fait semblable à celle de

l'aimant. Une aiguille aimantée revient toujours dans le méridien magnétique, et tourne le même pôle vers le même point du globe. On a tiré de là la dénomination des deux magnétismes. On a appelé boréal celui qui domine dans la partie boréale du globe, et austral celui qui domine dans l'hémisphère austral. On peut donc considérer l'extrémité d'un aimant qui se dirige vers le sud, comme le pôle boréal, et l'extrémité qui se dirige vers le nord, comme le pôle austral.

Mais quand nous disons extrémité boréale, nous entendons l'extrémité dirigée vers le nord, comme le pôle austral.

7° Dans un point quelconque du globe, dans l'intérieur des mines au sommet des plus hautes montagnes, l'aiguille aimantée prend toujours, dans le même temps, une direction déterminée.

8° L'aimantation ne change pas les dimensions des corps. Une expérience de M. Gay-Lussac rend cette vérité palpable : Un cylindre d'acier plein d'eau auquel ce savant académicien avait adapté un tube capillaire, en partie plein d'eau, conserva la même capacité après qu'avant l'aimantation.

9° L'aimantation peut être déterminée à distance. Si l'on présente un petit barreau d'acier, suspendu par un fil flexible, à l'action d'un des pôles d'un aimant, il acquerra des pôles : cette expérience pourra se répéter un grand nombre de fois, sans que la puissance de l'aimant soit diminuée.

Un fil de fer pur reprend bientôt son état naturel ; un fil d'acier, au contraire, et surtout lorsqu'il est fortement trempé, conserve sa vertu magnétique pendant un temps très long. L'acier n'est autre chose que du fer uni à quelques millièmes de charbon.

L'oxygène, le soufre, le carbone, l'antimoine, etc., donnent au fer, au nickel et au cobalt la propriété de conserver plus longtemps [la vertu magnétique. Ces métaux cessent d'être magnétiques si on les combine avec un excès de substance étrangère. Ainsi le per-oxyde, le per-sulfure de fer ne sont pas magnétiques.

10° A une température élevée, à celle du rouge-blanc, par exemple, les barreaux aimantés perdent leurs pôles, c'est-à-dire qu'ils sont remis dans l'état naturel ; il faut avoir soin de les tenir dans un plan perpendiculaire au méridien magnétique, sans quoi ils s'aimanteraient par l'influence du globe, en se refroidissant, et présente-raient des pôles après le refroidissement. Ce qui est beaucoup plus singulier, c'est qu'à cette même tempé-rature, les métaux magnétiques deviennent insensibles à l'action des aimants. Les expériences de Coulomb, de M. A. F. Luffer, etc., montrent bien que l'intensité magnétique d'une aiguille aimantée diminue à mesure que la température s'élève ; de plus, que l'aimant, revenu à sa température primitive, ne reprend pas toute l'intensité magnétique qu'il avait avant d'être échauffé ; mais la relation entre le changement de température et le changement d'intensité magnétique n'est pas encore complètement connue. Le froid même très-grand ne détruit pas la puissance magnétique.

LES DÉCOUVERTES CONTEMPORAINES

La télégraphie.

Un des inventeurs auxquel on doit les plus belles découvertes comtemporaines relatives à l'électricité est sans contredit Edison.

Ce célèbre électricien et inventeur américain est né le 12 février 1847 à Milan (Etats-Unis).

Au premier rang de ses travaux il faut placer la création d'un système complet d'éclairage électrique comprenant la *dynamo*, qui produit l'électricité ; les *analysations*, qui permettent de pouvoir distribuer l'électricité souterraine ; la *lampe à incandescence*, qui l'utilise et permet de diviser la lumière aussi facilement qu'on le fait d'ordinaire avec des bougies, des becs de gaz.

Citons encore ses beaux travaux sur la *téléphonie* et son ingénieux appareil connu sous le nom de l'*électro-motographe*, qui peut donner la reproduction à haute voix de la parole au porte-récepteur.

Mais comme si cela n'était pas assez à l'activité d'Edison, il invente encore une foule d'appareils ingénieux : la *plume électrique*, le *phono-knétographe*, le *phonographe*, le *kinétoscope*, le *kinétographe*, etc...

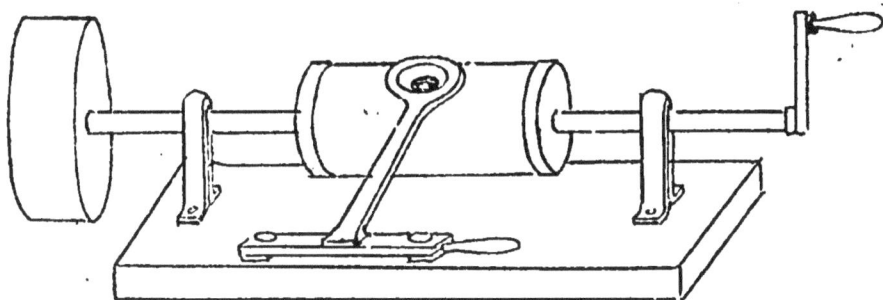

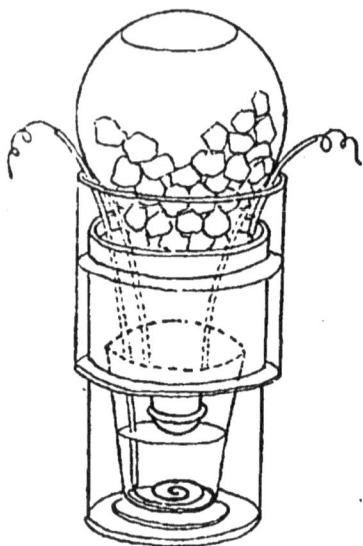

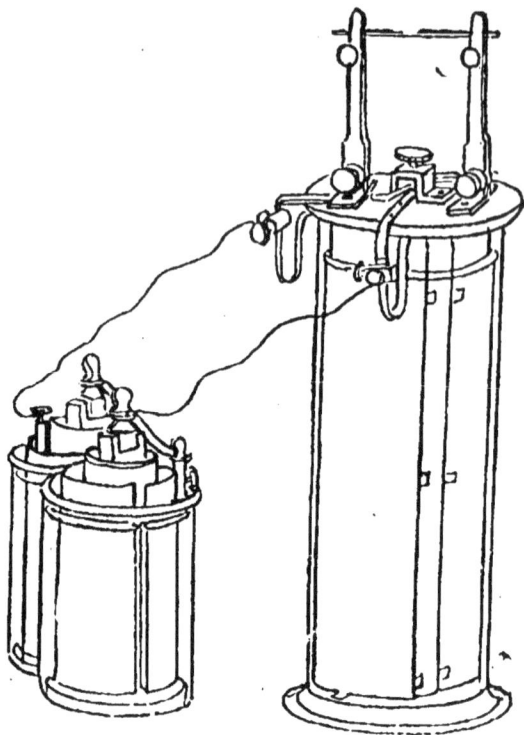

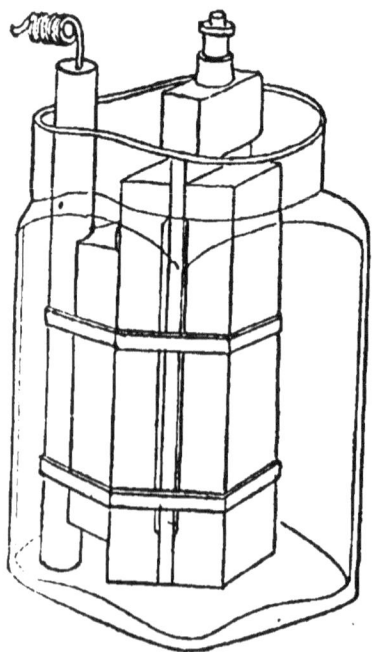

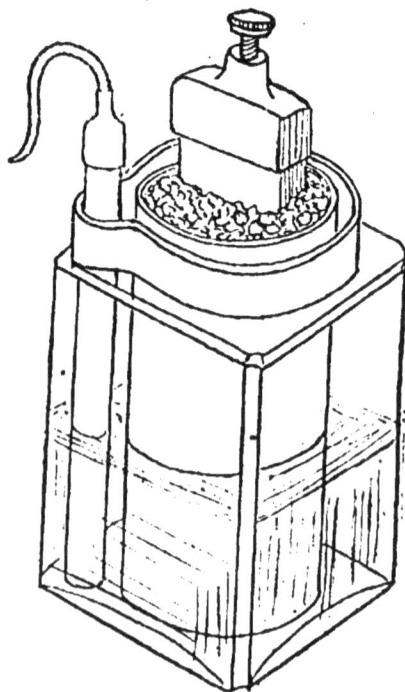

Piles et accumulateurs

La production de l'électricité.

Il existe trois moyens de développer un courant électrique :

Par les actions chimiques (*au moyen des piles*) ; par le magnétisme (*Dynamo*), et par la chaleur *thermo-électricité*.

Les accumulateurs sont des réservoirs d'électricité qui permettent l'emmagasinement d'un courant produit de son transport.

Dans les *piles*, le courant est produit par la décomposition d'un métal (habituellement du zinc), par un acide (comme l'acide sulfurique) ; dans les *dynamos*, l'électricité est due au phénomène de l'*induction*, par le magné-

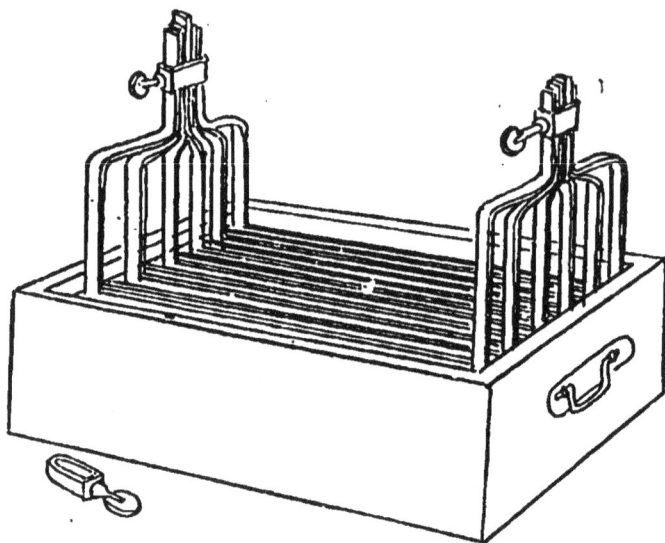

tisme développé dans des bobines tournant devant les pôles d'un aimant permanent.

Le principe du *télégraphe électrique* et du téléphone électrique repose tout entier sur l'*aimantation par les courants.*

Donnons ici quelques détails tout à fait nécessaires pour comprendre le mécanisme de ces différents appareils.

Quand on enroule, comme l'a fait *Ampère,* un fil de cuivre recouvert de soie autour d'un *tube de verre et que l'on place dans celui-ci un barreau d'acier non ai-*

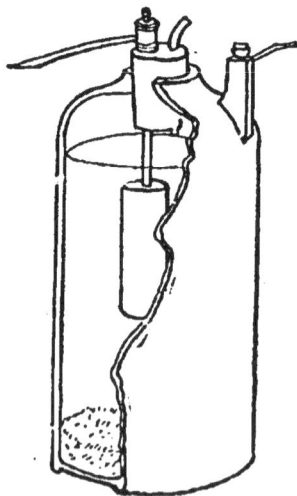

manté, on voit qu'aussitôt que le fil est traversé par un courant, même pendant un temps très court, que le barreau d'acier est aimanté.

Ampère.

Si l'on fait passer la décharge d'une bouteille de Leyde en mettant l'un des bouts avec l'armature extérieure,

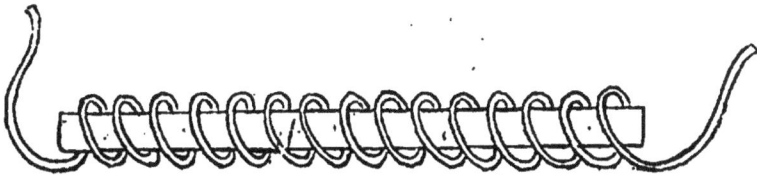

c'est-à-dire la feuille de métal qui recouvre la bouteille, et l'autre avec l'armature intérieure, c'est-à-dire la tige traversant le bouchon de la bouteille, on voit que le barreau s'aimante.

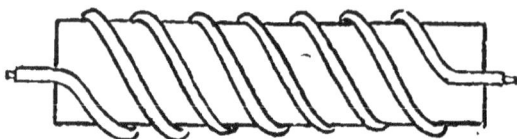

Le barreau d'acier peut donc être influencé par le fluide voltaïque aussi bien qu'avec celui des machines. Peu importe la manière dont on enroule le fil : il peut avoir lieu de gauche à droite en dessus. Alors on a une *hélice dextrorsum*, ou bien l'enroulement se fait de gauche à droite en dessous, l'hélice s'appelle alors *hélice sinistrorsum*. Dans l'hélice dextrorsum le pôle boréal du barreau est toujours à l'extrémité par laquelle entre le courant, c'est le contraire pour l'hélice sinistrorsum.

La nature du tube sur lequel s'enroule l'hélice n'es pas sans influence. Par exemple le bois et le verre n'ont aucun effet ; il n'en serait pas de même si le tube était en cuivre : il détruirait complètement l'effet du courant.

Il n'est pas nécessaire pour aimanter un barreau d'avoir recours à un tube de verre. Il suffit de l'entourer dans toute sa longueur d'un fil de cuivre recouvert de soie afin de bien l'isoler. L'action du courant est ainsi multipliée, lorsqu'on le fait passer dans le fil.

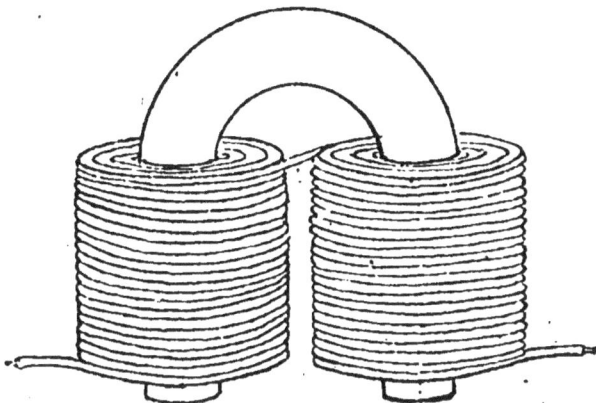

Parlons maintenant de *l'électro-aimant*. On appelle électro-aimant des barreaux de fer doux qui s'aimantent

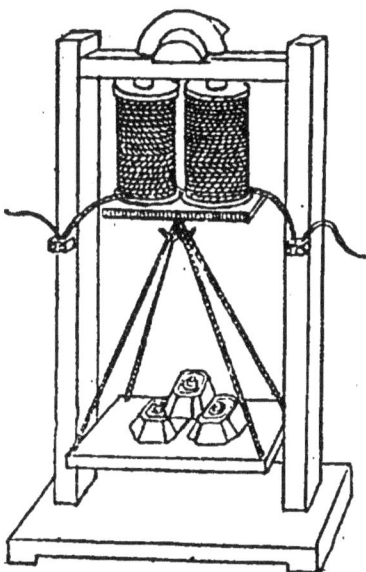

sous l'influence d'un courant voltaïque mais temporairement.

On dispose les électro-aimants en forme de fer à cheval et on enroule un très grand nombre de fois, sur les deux branches, un fil recouvert de soie de façon à

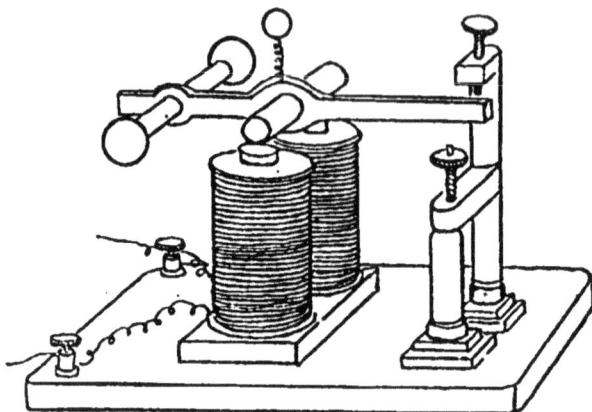

former deux bobines. Mais l'enroulement doit se faire dans le même sens sur les bobines pour que les deux extrémités du barreau soient deux pôles de nom contraire.

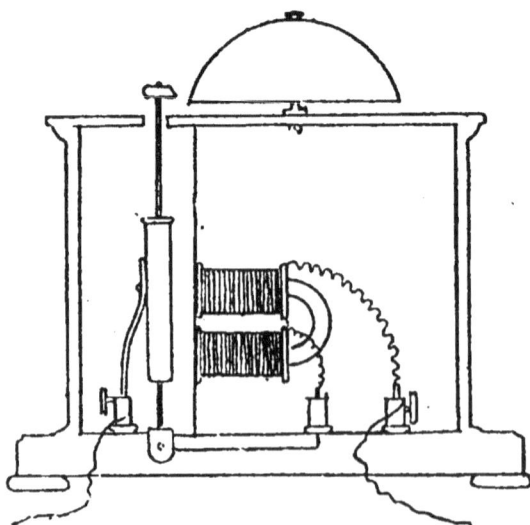

L'énergie des électro-aimants dépend : 1° des dimensions du barreau de fer doux ; 2° de la force du courant ; 3° de

LETTRES

a	· —		m	— —
á	· — — ·		n	— ·
b	— · · ·		o	— · ·
c	— · — ·		p	· — — ·
ch	— — — —		q	— — · —
d	— · ·		r	· — ·
e	·		s	· · ·
é	· · — · ·		t	—
f	· · — ·		u	· · —
g	— — ·		v	· · · —
h	· · · ·		w	· — —
i	· ·		x	— · · —
j	· — — —		y	— · — —
k	— · —		z	— — · ·
l	· — · ·			

CHIFFRES

1	· — — — —		6	— · · · ·
2	· · — — —		7	— — · · ·
3	· · · — —		8	— — — · ·
4	· · · · —		9	— — — — ·
5	· · · · ·		0	— — — — —

la longueur et de la grosseur du fil. En donnant aux électro-aimants importants en fer doux, on peut leur faire soulever des poids suivant leurs dimensions.

L'électro-aimant a rencontré d'importantes application dans le télégraphe, le téléphone, les moteurs électriques, etc...

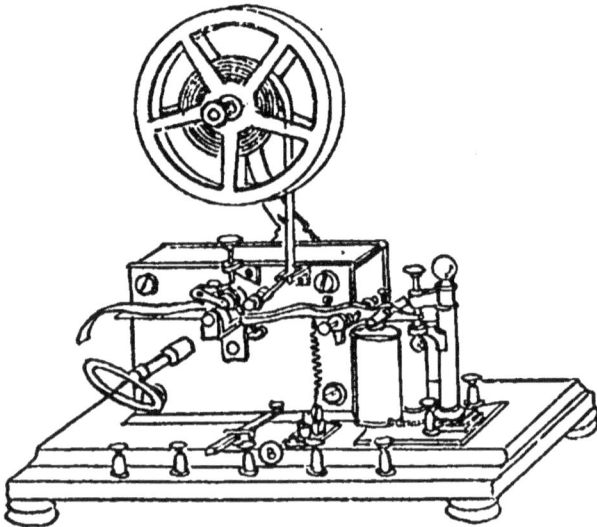

Le système le plus simple de télégraphie est celui de *Morse*. Le *transmetteur* est un interrupteur sur lequel on frappe (en ayant soin d'établir un contact plus ou moins prolongé) les traits de l'alphabet morse, alphabet conventionnel.

Le *récepteur* est un appareil à mouvement d'horlogerie imprimant sur une bande de papier sans fin les signaux transmis et par conséquent les lettres de l'alphabet conventionnel. L'attention est appelée au moyen d'une sonnette qui est branchée dans ce circuit.

10

On a fait des systèmes très rapides de télégraphie, parmi

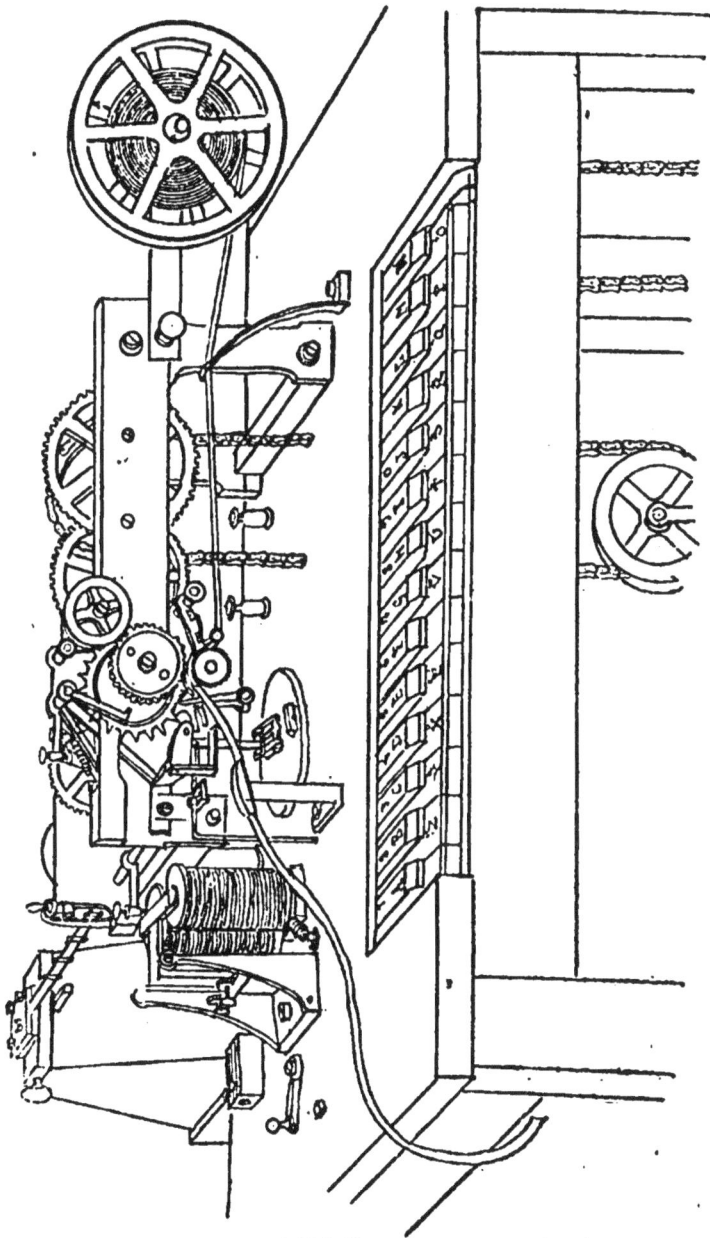

Appareil Hughes « Quadruplex ».

lesquels il faut mentionner tout spécialement ceux de
Hughes, qui permet d'imprimer la dépêche en caractères

d'imprimerie, et celui de *Baudeh*, au moyen duquel on peut envoyer et recevoir à la fois 6 dépêches.

Un nouvel appareil de télégraphie.

Pour expédier en même temps et par un même fil télégraphique plusieurs dépêches, on sait qu'il existe un appareil appelé *Quadruplex*, aujourd'hui adopté presque partout, permettant d'envoyer ou de recevoir quatre télégrammes différents à la fois.

Cet appareil, un des plus ingénieux qui aient été inventés au cours de ces dernières années et dont les services sont inappréciables, va être distancé par un nouveau système expérimenté récemment à Boston par un jeune électricien de l'Etat du Kentucky, M. Thomas Dixon.

Son invention, à laquelle il travaille depuis sept ans, encouragé par Edison et Tessla, et dans la description de laquelle nous ne pouvons nous engager, permet d'expédier en même temps six dépêches par un fil unique.

Le *Sextuplex* a été essayé tout dernièrement, avonsnous dit, entre Boston, Buffalo et New-Haven. Sur l'énorme distance de deux mille deux cents kilomètres, l'appareil Dixon a donné des résultats merveilleux.

Notons qu'avec le quadruplex actuel on ne peut communiquer utilement au delà de neuf cents kilomètres. Le savant Edison, qui assistait aux expériences, a déclaré que l'invention nouvelle allait révolutionner l'industrie télégraphique du monde entier.

Les fils télégraphiques sont-ils dangereux ?

Une dame qui habite dans le voisinage de l'hôtel des ostes, dans une grande ville, et devant la fenêtre de aquelle passent de nombreux fils télégraphiques, avait dressé cette demande à l'un de ses amis.

« J'habite au cinquième étage d'une maison située ans le voisinage de l'hôtel des postes, télégraphes et téléphones et, par suite, passent devant mes fenêtres quelques centaines de fils télégraphiques ou téléphoniques, en rangs si serrés qu'ils en offusquent la vue. Cet inconvénient serait peu de chose si j'avais la certitude que le passage continuel d'électricité à proximité de mon habitation ne fût pas préjudiciable à ma santé, à la santé surtout d'une personne nerveuse... Votre opinion sur ce point serait intéressante à connaître. »

Notre ami consulta un électricien expérimenté qui lui fit la réponse suivante :

« La dame qui vous écrit peut se rassurer ; les fils qui passent devant ses fenêtres ne font courir aucun danger à sa santé. En effet, les conducteurs métalliques aériens actuellement en usage dans les villes sont, à de rares exceptions près, des fils télégraphiques ou téléphoniques, parcourus par des courants insignifiants, provenant de piles Daniel, Leclanché, ou autres générateurs analogues. Or, ces courants, identiques à ceux des sonneries d'appartements qui sillonnent nos demeures dans tous les sens, sont aussi inoffensifs ; leur voisinage ne présente aucun inconvénient pathologique, même pour les personnes nerveuses les plus susceptibles.

« Les fils aériens dont il serait prudent de se méfier sont ceux qui sont parcourus par les courants de traction déjà utilisés par quelques compagnies de tramways, comme à Lyon, Saint-Etienne, Douai et Marseille. Ceux-là pourraient être dangereux, mais seulement au contact, et il est peu probable que le contact ait lieu, à moins qu'on ne songe à utiliser les tiges métalliques, véhicules de la force, comme séchoirs à étendre le linge. Plaisanterie à part, ces fils dynamophores n'exercent aucune action sur l'organisme humain : ils sont trop éloignés de la fenêtre pour qu'on les touche, et, ils seraient dans le voisinage tangible de l'habitation, qu'il ne diminueraient en rien sa sécurité ou sa salubrité.

« Je ne dis rien des fils d'éclairage, qui seraient de tous les plus dangereux à manier : jusqu'à présent on n'en voit aucun dans l'air ; les distributeurs de lumière électrique ont soin de les enfermer prudemment en des canalisations souterraines.

A propos de Télégraphie

La terre, comme certain ballons d'enfants, est aujourd'hui enfermée dans un réseau de fils, les conducteurs des lignes télégraphiques.

La statistique s'est demandé quelle est la longueur du fil employé à tenir ce gigantesque réseau et voici ce qu'elle a trouvé. La longueur totale des lignes télégraphiques posées à la surface du globe serait actuellement de 7.900.000 kilomètres, non compris 272.000 kilomètres de câbles sous-marins. Le réseau est ainsi réparti ; Europe 2. 840.000 kilomètres ; Asie 300.000 kilomètres ; Afrique

160.000 kilomètres ; Australie 350.000 kilomètres ; Amérique 4.050.000 kilomètres.

Le premier rang appartient donc à l'Amérique, tandis que l'Europe, malgré l'extension toujours croissante de son réseau, n'occupe que la deuxième place. Avec ces conducteurs mis à la suite les uns des autres, la terre

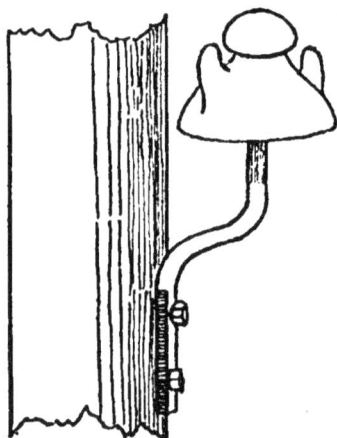

pourrait se constituer une ceinture équatoriale qui n'aurait pas moins de 200 tours superposés. On pourrait encore établir 20 lignes télégraphiques entre la terre et la lune, si on arrivait à vaincre la difficulté qu'il y a d'attacher l'un des bouts à la surface de notre satellite.

L'étirage de ce fil à raison de 5 mètres par minute a demandé plus de 7000 ans en supposant la journée de travail de 10 heures.

C'est vers le milieu du siècle dernier que Franklin découvrit que les grandes tempêtes en Amérique se transportaient de l'ouest à l'est. Mais leur rapidité de déplacement était telle que cette découverte ne pouvait avoir aucun effet pratique devant l'impossibilité où l'on était de prévenir de l'approche d'une tempête ceux que cette tem-

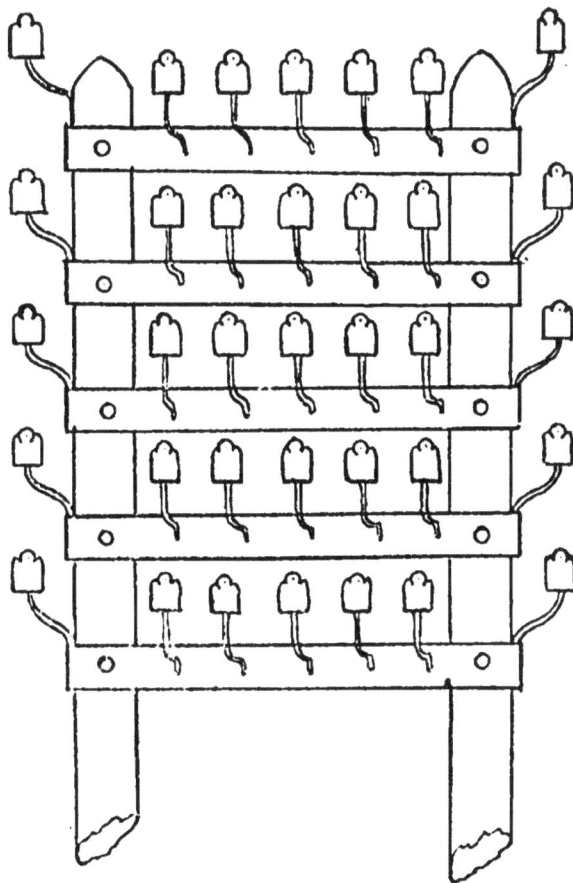

pête allait menacer jusqu'au jour où les moyens de communication nouveaux existèrent entre l'Orient et l'Occident. C'est l'invention du télégraphe qui vint combler cette lacune ; mais on ne saurait dire qui proposa d'employer le cable électrique à la transmission de ces importantes nouvelles. Il apparait cependant comme probable que l'idée dut en venir à la fois à bien des gens tant en Europe qu'en Amérique dès que la réussite pratique du télégraphe eut été démontrée.

Bientôt le seul fait d'annoncer aux gens de l'Est qu'une tempête s'était montrée dans l'Ouest et pouvait vraisemblablement les atteindre ne suffit plus à l'esprit scientifique. Ce fut Loomis qui inventa la méthode d'après laquelle on concentre sur une unique carte météorologique le résultat d'observations prises dans différentes stations du pays. Au moyen de lignes figurant la baisse de pressions atmosphériques ou de températures égales, il fonda véritablement la météorologie moderne. Il fit plus encore. En construisant des cartes jour par jour, il put fournir le moyen de suivre la marche des tempêtes et des modifications qui pouvaient se produire soit dans leur direction soit dans leur intensité et dans le danger qu'elles présentaient.

Il existait encore pourtant d'assez graves inconvénients dûs à la lenteur avec laquelle les renseignements nécessaires lui étaient transmis. Tout cela en effet était transporté par la poste. La transmission télégraphique instantanée remédia à ce défaut. On put ainsi figurer non seulement la route déjà suivie par la tempête, mais celle même qu'elle devait prendre suivant toute probabilité. Telle est aujourd'hui la méthode de travail généralement appliquée de nos jours à la prédiction du temps avec cette conception que les phénomènes locaux entrent également en ligne de compte pour les prédictions concernant telle ou telle région spécialement désignée.

Malgré ces incontestables progrès, la météorologie actuelle n'est pas encore arrivée à donner des résultats d'une nature réellement scientifique. Il faut, pour y réussir, l'application de sérieuses qualités de jugement. Mais on s'est néanmoins aperçu que des personnes assez médio- crement versées en météorologie, arrivaient parfois dans leurs prévisions, à une exactitude plus grande que des savants professionnels : et, en résumé, les conquêtes de la météorologie sont bien plutôt celles de la rapidité de transmission, c'est-à-dire du télégraphe électrique que celle de la science météorologique, proprement dite.

Le télégraphe et les piverts.

Les poteaux télégraphiques ont, paraît-il, de dangereux ennemis dans les piverts. On vient de s'apercevoir aux Etats-Unis que ces oiseaux arrivaient à vider l'intérieur de ces poteaux pour s'y faire un confortable logis : il ne s'agit d'ailleurs que des poteaux en bois de cèdre importés du Canada et qui ont à leur centre une partie tendre. Les piverts qui connaissent cette particularité attaquent le poteau vers sa partie inférieure au niveau d'un nœud, creusent jusqu'au centre et poursuivent leur travail jusqu'à ce que toute la partie centrale de l'arbre soit vidée. Ils ont alors de quoi se loger confortablement à l'abri des injures du temps.

LE TÉLÉPHONE

On sait que le Téléphone est un appareil destinés à transmettre les sons à l'aide de l'électricité.

M. Reissen, 1860, paraît être le premier physicien qui ait résolu le problème. Dans son instrument il y a un transmetteur, organe producteur du son, un fil de ligne et un récepteur. Le transmetteur se compose d'une boîte percée de deux ouvertures ; on émet le son devant l'une d'elles et l'autre est fermée par une membrane tendre qui entre en vibration dès que le son est produit devant la boîte. Cette membrane, grâce à un dispositif particulier, interrompt ou rétablit par ses vibrations le courant lancé dans le fil de ligne. Le récepteur consiste en une aiguille d'acier entourée par une bobine que traversent les courants de la ligne et supportée par une boîte de résonnance. Les alternatives qui se produisent dans le fil de ligne et par suite dans la bobine ont pour effet d'allonger et de raccourcir périodiquement l'aiguille d'acier. Elle vibre donc à l'unisson de la membrane et reproduit le son. La reproduction n'a lieu que pour la hauteur : l'intensité et le timbre sont altérés.

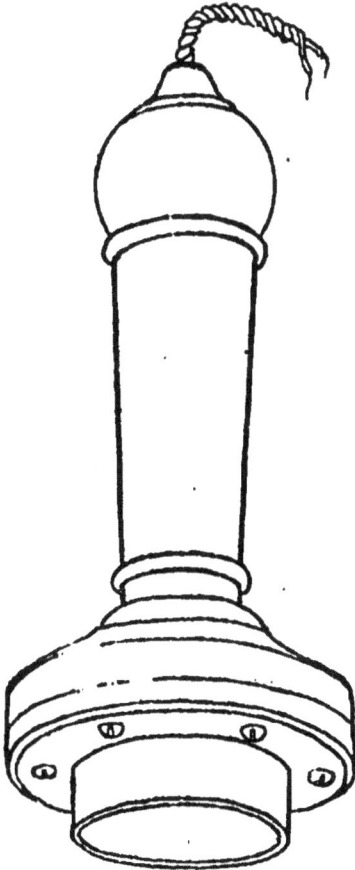

Le *téléphone, imaginé par Graham Bell*, ne nécessite pas l'emploi d'une pile : la parole est transmise avec tous ses caractères. Le récepteur et le transmetteur sont identiques. Ils peuvent par suite jouer les deux rôles entre les interlocuteurs. L'appareil se compose d'une mince plaque circulaire en fer formant membrane que l'on place au fond de l'embouchure devant laquelle on parle. A une très petite distance est une tige d'acier aimantée à l'extrémité de laquelle se trouve une bobine à fil fin. Le fil fin de cette bobine est mis en communication avec la bobine similaire du récepteur. Quand on parle devant la membrane, elle reçoit une série d'impulsions qui la rapprochent et l'éloignent de l'aimant ; cela détermine des accroissements et des diminutions dans le magnétisme de ce dernier et par suite production de courants induits dans la bobine. Les courants sont transmis dans la bobine du récepteur et réagissent à leur tour sur la tige d'acier.

Les mêmes alternatives d'accroissement et de diminution dans l'aimantation se reproduisent et la seconde membrane répète les vibrations que la première avait exécutées et rend un son que l'oreille perçoit. Cet appareil reproduit le son avec la même hauteur, puisque le nombre de vibration, exécutées est le même pour les deux plaques ; en outre le son a le même timbre. Cependant la voix articulée est légèrement modifiée, l'intensité est diminuée par suite de la transmission et le timbre prend un caractère nasillard dû aux vibrations propres de la plaque qui viennent se superposer aux mouvements produits par les impulsions.

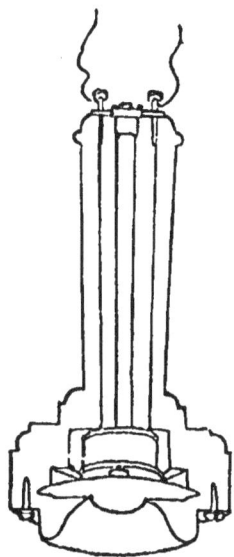

M. Ader a remplacé l'aiguille d'acier par un aimant courbe et a disposé au-dessus de la membrane un anneau de fer doux. M. Hughes, après M. Edison, a imaginé un appareil accessoire qui, introduit dans le circuit télépho-nique avec une pile, amplifie d'une fa-çon considérable les sons les plus faibles. C'est le microphone.

M. Edison a adjoint le microphone au téléphone de la façon suivante.

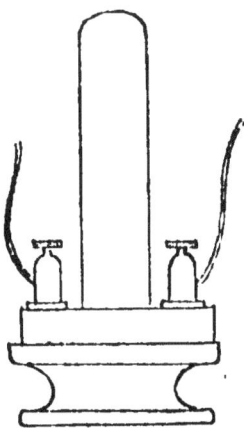

La membrane appuie sur un cylindre de fer, puis sur un cylindre de charbon dont les ex-trémités communiquent, par l'inter-médiaire d'une bobine à fil gros et court, avec la pile. Sous l'influence de la parole, le cylindre de charbon s'al-longe où se raccourcit et par sa suite, il y a variation d'intensité dans le courant. Ces variations agissent sur un circuit formé par une bobine à fil fin et déve-loppent des courants d'induction. Si donc on a placé un téléphone Bell sur la bobine induite, il se mettra à

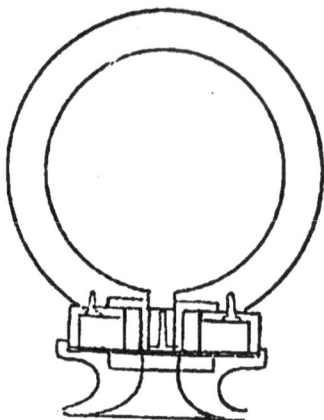

parler. On a pu se servir du téléphone dans les auditions théâtrales : la musique est reproduite avec une exactitude

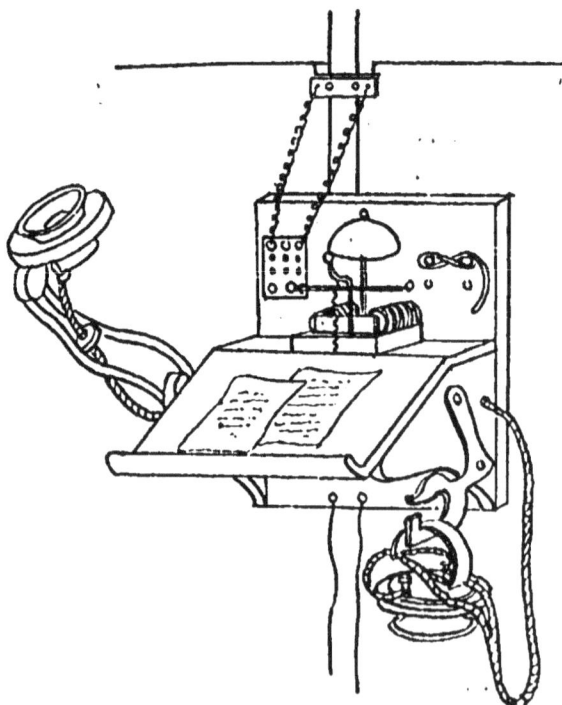

parfaite. A chaque téléphone est adjoint un avertisseur ! toutes les lignes téléphoniques sont reliées à un poste

11

central, où se trouve un communicateur qui permet de
relier une ligne à une autre et d'établir ainsi la trans-

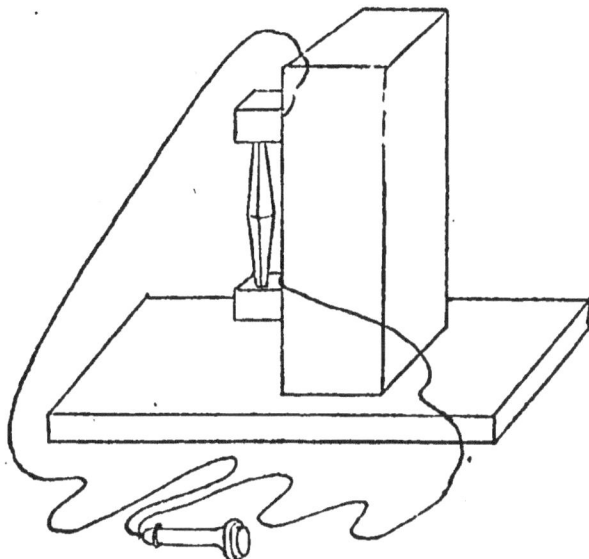

mission entre deux abonnés du réseau.

Pendant un certain temps la téléphonie n'a pu s'exercer

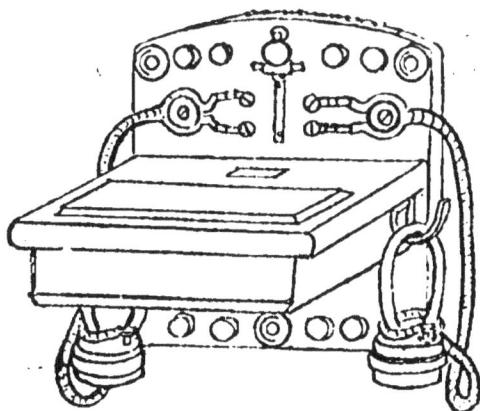

que pour de faibles distances, à cause de la sensibilité
de l'instrument. Les fils télégraphiques voisins, les·cou-

rants terrestres agissaient sur l'appareil, les vibrations produites se superposaient aux vibrations de la voix et arrivaient à les masquer complètement.

En 1887 on est arrivé à établir une communication téléphonique entre Bruxelles et Paris. On emploie un fil en bronze siliceux de 3 mill. et plus de diamètre. Il y a un fil de retour pour éviter les effets d'induction. Les deux fils se croisent aux poteaux. On a pu faire communiquer par le téléphone un train en marche avec les gares voisines. Les physiciens se sont servis du téléphone pour signaler les courants alternatifs à succession rapide.

Puisque nous parlons du téléphone, racontons cette bonne histoire qui nous est contée par notre ami Tristan Bernard ; elle est amusante au possible en même temps qu'instructive :

Grâce à des perfectionnements nouveaux et à la découcouverte d'un métal d'une haute conductibilité, on avait pu relier, par des câbles téléphoniques, le ministère de la rue Royale et les principales colonies françaises.

Le général de Belmolette avait été nommé chef des relations téléphoniques. Il logeait au ministère, et l'appareil principal, fonctionnant jour et nuit, était installé dans son appartement particulier.

Le général de Belmolette avait pris pour secrétaire le

capitaine Hunedeux, un vieil officier d'habillement.

Le capitaine prit au sérieux ses nouvelles fonctions. Il n'avait jamais été aux colonies, mais on lui affirmait que les garnisons des villes lointaines, et particulièrement celles de la Martinique et de la Guadeloupe, se laissaient aller à une flemme intense, excusable, sans doute, aux pays des créoles où la paresse est si savoureuse.

Le capitaine résolut de « dresser » un peu ces gens-là.

Il arriva un matin, avant sept heures, dans le cabinet du général. Un régiment bien astiqué traversait à ce moment la place de la Concorde, partant allègrément pour une marche.

Le capitaine les regarda défiler. Puis, montant à son cabinet, il demanda la communication avec la Guadeloupe.

Au bout de cinq minutes, une voix ennuyée lui répondit :

— Allo ! Allo ! C'est la Guadeloupe !

— C'est le ministère. Donnez-moi le commandant Piénattey !

Le commandant Piénattey commandait à Basse-Terre un bataillon d'infanterie de marine.

Un quart d'heure se passa. Puis, la voix ennuyée, franchissant l'Atlantique, dit au capitaine :

— On ne répond pas de chez le commandant Piénattey.

— Sonnez jusqu'à ce qu'on réponde, hurla le commandant, stentor moderne, à travers les étendues d'eau
salée.

Enfin, une autre voix répondit : « Allo ! Allo ! »

— Qui êtes-vous ? dit le commandant.

— L'ortonnance du gommantant.

— Où est le commandant.

— Où foulez-fous qu'il soit ? Dans son lit. Faut-il que
je le réfeille ! Ce que ch'ai peur, c'est qu'il soit chuste-
ment pas content, si je le réfeille afant son heure.

— Inutile. Vous êtes à côté de la caserne ? Savez-vous
ce que font les hommes en ce moment ?

— Ils torment. Ils sont gouchés.

— Le réveil n'a pas encore sonné ?

— Le réfeil ? Bas afant teux heures.

— Bien, dit le capitaine.

Et il raccrocha le récepteur.

Il est sept heures et demie, se dit-il. Le réveil sonne
à neuf heures et demie, dans ce pays-là ! On ne m'avait
pas trompé... Voyons Saïgon, maintenant....

Saïgon répond assez rapidement.

— Donnez-moi le commandant Leflandroy.

— Allo !

On répondit très vite de chez le commandant Leflandroy. Allons ! se dit le capitaine, celui-là n'a pas l'air d'être couché.

— Qui est-ce qui est à l'appareil ?

— Madame, Leflandroy.

— Ah ! fit le capitaine en touchant machinalement son képi. Pourrai-je voir le commandant ?

— C'est pressé, Monsieur ? Il fait sa sieste, et il n'aime pas être réveillé.

— Ne le réveillez pas... Un renseignement du ministère... On voudrait savoir ce que font les hommes en ce moment.

— Les hommes ! mais ils font leur sieste.

— Merci, Madame !

— A huit heures ! se dit le commandant en raccrochant le percepteur. Ils font déjà leur sieste à huit heures !

Précisément, le général de Belmolette entrait dans le cabinet.

— Mon général, dit le capitaine un peu ému, savez-vous ce que font en ce moment les troupes de Cochinchine ?

— En ce moment ? dit le général. Voyons, il est huit heures. Saïgon est à une centaine de degrés à l'est de Paris. Quatre-vingt-dix degrés font six heures. Les troupes de là-bas doivent être en train de faire leur sieste.

Il prend ça tout naturellement, se dit le capitaine Hunedeux.

— Et que font, à votre idée, les soldats de la Guadeloupe ?

— La Guadeloupe ! dit le général. C'est à soixante degrés dans l'Ouest. Ils doivent être encore couchés.

Et il alluma paisiblement une cigarette.

— Pauvre France ! pensa le capitaine Hunedeux.

Le pauvre capitaine ne se rappelait pas que dans les autres parties du monde, puisque la terre tournait, l'heure n'était pas identique au même moment !

TÉLÉGRAPHIE, TÉLÉPHONIE ET MUSIQUE

Transmission par le son. — La notation appliquée aux dépêches. — Une invention de M. Mercadier. — Son application aux postes et télégraphes. — Curieux résultats.

Les recherches en vue d'améliorer les conditions d'échange de correspondances, en matière télégraphique, ont porté, dès les débuts, sur la création d'appareils nouveaux, destinés à fournir un rendement de plus en plus considérable.

C'est dans cet ordre d'idées que sont nés successivement en France les appareils Bréguet, avec un maximun de vingt transmissions à l'heure, Morse avec trente-cinq, et le système imprimeur Hughes avec soixante-dix.

Il devenait impossible, semblait-il, d'obtenir de meilleurs résultats.

Mais bientôt on s'aperçut que ce courant électrique, à première vue indécomposable, pouvait se prêter à toutes sortes de fantaisies, grâce à de savantes combinaisons ; alors les chercheurs ont concentré leurs facultés sur d'autres données, vers un autre but : l'économie de fils, voire leur suppression totale.

Laissant de côté la question de la télégraphie sans fil pour nous occuper exclusivement de la diminution d'un nombre des conducteurs, nous mentionnerons l'application du système Duplex aux appareils Morse ou Hughes, permettant d'effectuer deux transmissions simultanément par un seul fil, et le système distribútif de M. Baudot qui permet à quatre manipulants de transmettre en même temps sur un conducteur unique.

La téléphonie est apparue ensuite, révélant au monde scientifique des secrets jusqu'alors inespérés. Le courant pouvait donc être maté ; il devenait donc possible de l'asservir à la volonté, pourvu que cette volonté fût inventive. Pourquoi s'arrêter dans la voie des transformations ?

Et comme conséquence fatale, la téléphonie vient se greffer sur la télégraphie : ne voyons-nous pas en effet fonctionner deux appareils Hughes sur le circuit téléphonique Paris-Bruxelles, et cela sans la moindre difficulté ?

Aussi le principe de l'économie de fils étant aujourd'hui fort apprécié, c'est presque uniquement de ce côté que se portent les recherches.

Toutefois, si nous nous accoutumions à voir un courant téléphonique et son *alter ego* télégraphique faire bon ménage sur un même circuit, nous étions loin de supposer que les notes musicales, accompagnées de leurs dièzes, fussent jamais destinées à entrer en relations étroites avec un pôle positif d'une pile, et que nos diapasons eussent dû jouer un rôle comme transmetteurs de signaux Morse !

Essais d'appareils

Il ne faut s'étonner de rien, en matière scientifique. M. Mercadier, directeur des études à l'Ecole polytechnique, dont la science n'a d'égale que la modestie, vient de nous en donner la preuve.

Depuis quelque temps, en effet, des appareils — peut-on leur donner ce nom, ils semblent si simples ? — des appareils nouveaux viennent d'être mis à l'essai au poste central des télégraphes, sur le circuit téléphonique Paris-Bordeaux.

Le but poursuivi par M. Mercadier, et en vue duquel il travaille depuis de longues années, est d'effectuer le plus grand nombre possible de transmissions sur un seul fil. Il est arrivé à douze, et espère doubler ce nombre !

Les transmissions s'effectuent par douze manipulateurs Morse, et les réceptions par le même nombre d'appareils appelés monotéléphones qui sont la base essentielle du système.

Les courants émis dans le poste correspondant font vibrer une plaque placéee dans le *monotéléphone* qui envoie les sons à l'oreille de l'employé réceptionnaire par l'intermédiaire de deux tubes en caoutchouc semblables à ceux dont sont munis nos phonographes boulevardiers.

Douze électro-diapasons-inductophones sont destinés à changer la nature du courant ; ils envoient, sous l'enclume des manipulateurs, douze courants induits ondulatoires d'intensités différentes, lesquels courants induits déterminent, grâce à un dispositif spécial de transformateurs, une émission, sur la ligne, d'autres courants induits ondulatoires et dont la fréquence est égale à celle du courant primitif.

L'intensité de ces courants est réglée par les diapasons dont la tonalité de chacun d'eux est différente de celle de son voisin de un demi-ton.

Musique pratique

Les manipulateurs, les diapasons et les monotéléphones sont numérotés avec les notes de musique accompagnées de leur dièzes : *ut, ut dièze, ré, ré dièze, mi, fa, fa dièze, sol, sol dièze, la, la dièze, si.* Et, grâce à un relais télé-microphonique différentiel, et à deux condensateurs gradués, le courant émis par l'électro-diapason *ré*, par exemple, ne peut-être reçu que dans le monotéléphone *ré* du poste correspondant, bien que traversant les autres monotéléphones.

Les électro-diapasons étant continuellement en mouvement produisent des bruits qui pourraient sembler devoir être un inconvénient grave, puisque la réception se fait au son ; il n'en est rien, ce semblant de cacophonie est très faible et ne peut nuire en rien à l'intensité des signaux de chaque monotéléphone.

Somme toute, cent cinquante transmissions ont été, à plusieurs reprises, effectuées en deux heures ; c'est un résultat appréciable si l'on tient compte de la jeunesse du sujet et de l'inexpérience des employés, plus habitués

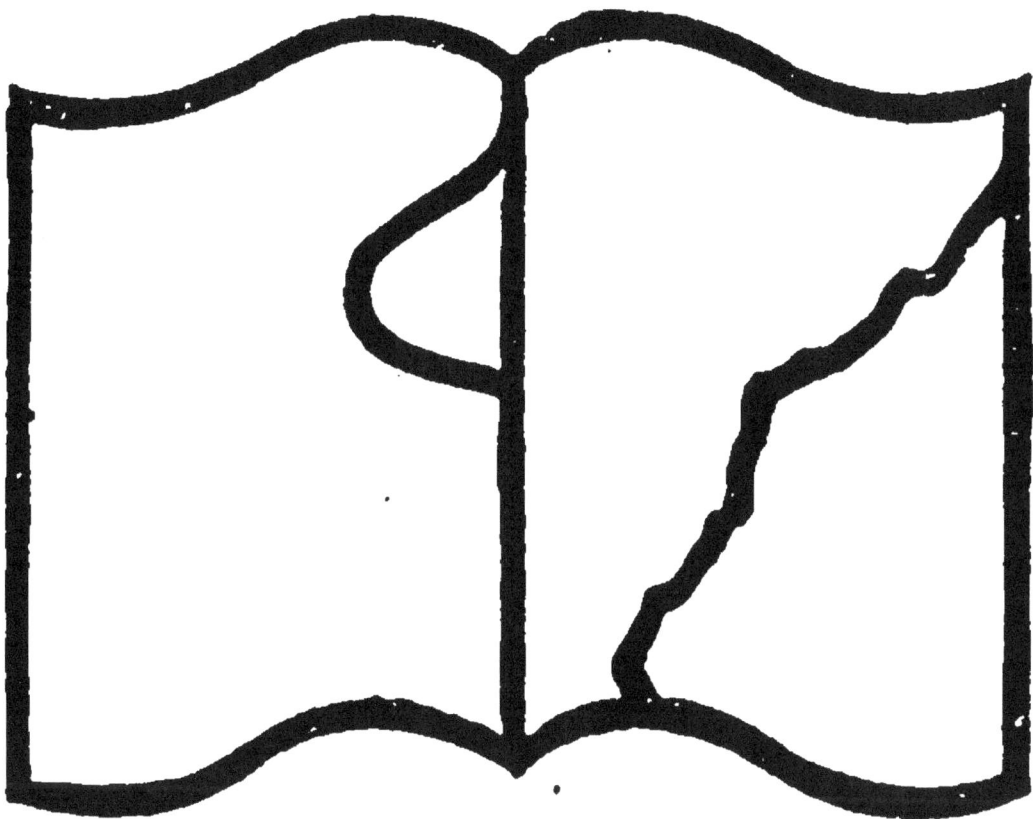

Texte détérioré — reliure défectueuse

à lire les signaux Morse avec leurs yeux qu'avec leurs oreilles.

La télégraphie sous marine

En 1876 un savant écrivait : « Il ne manque qu'un câble électrique jeté au fond de l'océan Pacifique pour que le monde entier soit entouré d'une ceinture de télégraphie. » On calcule que de 1851, date de l'établissement des premiers câbles sous-marins, jusqu'en 1895, les Etats en avaient posé 13.178 milles marins (de 1852 mètres au mille et les Compagnies 107.646 milles. L'ensemble du réseau télégraphique sous-marin s'élève donc à une longueur de 120.824 milles marins.

Sait on que la pose des câbles et leur entretien exi-
une flotte spéciale de 36 vapeurs dont le tonnage
eleve au chiffre de 55.783 tonnes ? C'est plus que n'en nécessité la démonstration navale des puissances devant
le de Crète. Quand il a fallu immerger le câble entre l'Irlande et Terre-Neuve : on dut même construire un navire spécial. C'est le fameux *Great-Eastern*, le plus grand vaisseau du monde. Le câble qu'il portait mesurait

4.260 kilomètres et pesait 14.384.000 kilogrammes.

Nous avons dit que les premiers câbles sous-marins avaient été posés en 1851. C'est avec l'appui du gouvernement français qu'un ingénieur anglais, nommé Brect, dont le projet avait provoqué des moqueries dans son pays, put relier l'Angleterre à la France pour la transmission des messages a travers la mer. Son câble allait de Douvres à Calais. Un bateau français accomplit cette première entreprise qui réussit complètement. La France n'est-elle pas toujours à la tête des belles choses.

La même année on commença les travaux pour l'établissement des lignes télégraphiques sous-marines de Douvres à Ostende et d'Oxford à Scheveningue.

Puis on voulut réunir la vieille Europe et la jeune Amérique.

Pour cette communication la distance était de près de 6.000 kilomètres de Valentia, en Irlande, à Trinity-Bay, sur la côte de Terre-Neuve. Jusque là on n'avait effectué d'immersions de câbles qu'à de petites profondeurs. Les câbles, déroulés au moyen de treuils placés à l'arrière des navires, arrivaient sur un sol presque uni et s'y reposaient sans avoir subi de fortes presssions. Dans l'Océan on allait avoir à compter avec un sol aussi accidenté que le sol terrestre. On savait que l'eau qui entoure les Açores et les Bermudes atteint une profondeur de

7000 mètres et que même sur le sol favorisé qui s'étend
de l'Irlande à Terre-Neuve des fonds de 3000 et
de 4500 mètres succèdent brusquement à des fonds de
500 mètres seulement.

C'est en 1857 que commença l'immersion du câble.
Une rupture se produisit. Dès le 5 août 1858 la communication sous marine était établie entre l'ancien et le
nouveau continent, le premier message fut transmis de
Terre-Neuve le 12 août. Mais ce succès devait être suivi
d'un prompt désastre : le câble fut détruit le 1er septembre.
Fallait-il se décourager ? Non. De nouvelles poses de
câbles sous-marins eurent lieu sur divers points. Ce
n'est qu'en 1864 toutefois qu'on entreprit l'établissement
d'un nouveau câble entre l'Irlande et Terre-Neuve ; le
Great-Eastern en fut chargé. Quelle campagne pleine
de déboires, de difficultés, de revers ! Ou le câble se rompait, ou les fissures s'y produisaient, ou les amarres qui le
descendaient se brisaient. En 1866 seulement on toucha à la réussite. C'était au moment où la guerre entre
l'Autriche et la Prusse préparait en Europe de si graves
événements, pendant que le genre humain s'attachait à
cette œuvre de paix et réunissait les deux Mondes.

Longtemps on rechercha quel était le meilleur procédé
pour l'isolation du fil électrique : on avait employé d'abord
le chanvre et le goudron, puis on se servit de la gutta,

Le Great Eastern

percha, dont l'introduction en Europe venait d'avoir lieu.

Actuellement, voici comment on construit les câbles :

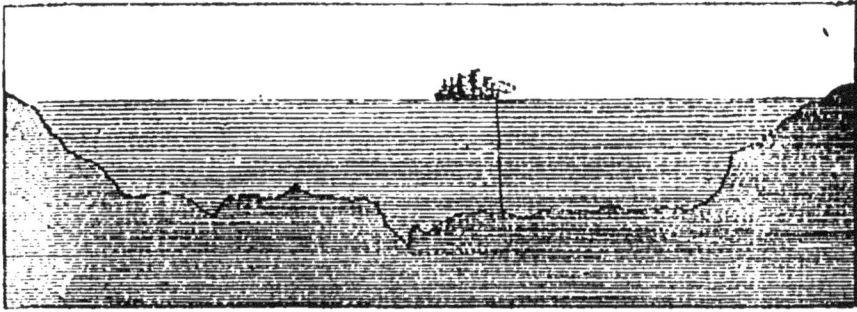

le conducteur électrique en cuivre formé généralement
de sept fils réunis en cordelette est entouré d'une armature de gutta percha après avoir été
préalablement enduit d'une composi-
tion spéciale de goudron de gutta et
de résine qui empêche le cuivre d'être
dénudé au cas où l'armature fissurerait;
une seconde enveloppe supérieure est
confectionnée avec des fils de fer galvanisés, couvert de couches de chanvre trempé dans de la poix minérale
ou de l'asphalte.

Ces précautions sont non seulement
nécessaires pour assurer la solidité du
câble pendant l'immersion, de sa durée ensuite, mais
aussi pour lutter contre ses ennemis.

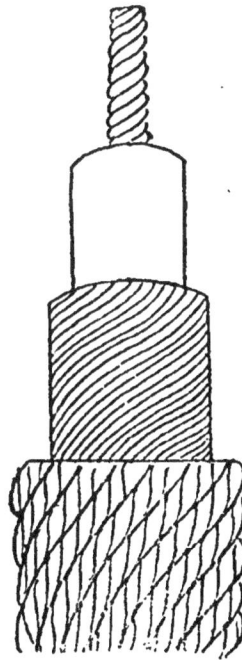

Et ces ennemis sont nombreux.

Il y a d'abord à redouter les ancres et les engins de pêche qui viennent jusqu'à deux cents mètres faire des blessures aux câbles. Puis les accidents dus à des causes physiques. Parfois des bancs de glace ou icebergs qui émergent d'une centaine de mètres au dessus du niveau de l'eau, atteignent une profondeur de cinq à six cents mètres et lorsqu'ils touchent le fond détruisent tout sur leur passage. Il y a aussi des animaux qui s'attaquent aux câbles. De petits crustacés vivant à des profondeurs de deux à trois mille mètre rongent le chanvre et la gutta-percha. Enfin les requins, les espadons et les baleines amènent souvent les dérangements les plus bizarres. Récemment on constata que le câble du réseau « Western-Brazilian » fonctionnait très « mal et qu'il était blessé » à 76 mille marins au nord de Christiania. On y expédia le médecin de service, c'est-à-dire le navire réparateur *Wicking*, qui, après quelques tâtonnement, empoigna le câble avec un grappin et le compas afin de pouvoir examiner les

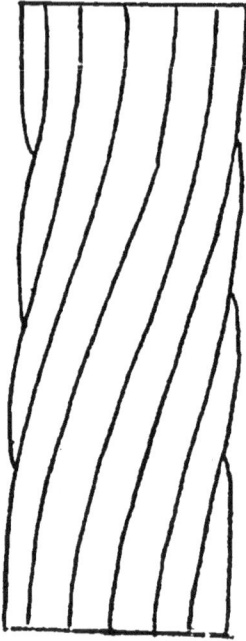

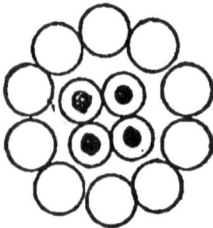

deux bouts et faire une « épissure ». Mais aussitôt sortit du sein des flots une odeur épouvantable. C'était le cadavre d'une baleine de seize mètre de longueur qui, en s'aventurant dans les profondeurs, s'était ligotée dans le câble au point de ne pouvoir s'en arracher. Finalement l'énorme bête était morte étouffée, n'ayant pu venir reprendre à la surface sa provision d'air.

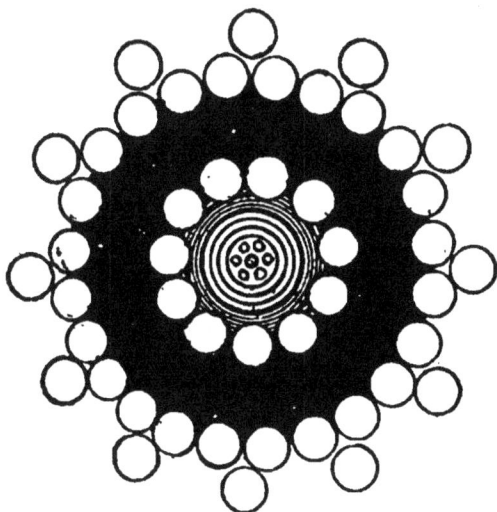

Au Tonkin, un câble télégraphique posé au mois de juillet 1894 dut être remplacé dès les premiers jours de 1895. L'examen qui en fut fait montra qu'il était perforé de nombreuses galeries creusées dans les enveloppes dans le chanvre et se continuant dans la gutta-percha. Ces tunnels avaient de deux à trois millimètres de diamètre, et l'on reconnut dans l'intérieur des débris qui permirent de déterminer l'animal perforant : une sorte d'insecte névroptère du groupe des termites ou fourmis blanches. Heureusement qu'avec le temps le câble peut échapper à ces ennemis, ils s'enfonce progressivement dans le sol et se revêt des végétations calcaires et de coquilles qui lui servent de cuirasse.

Mais d'ailleurs la télégraphie sous-marine ne se transformera-t-elle pas avec la science. Il ne faut douter de rien. Des essais ont été tentés pour établir sous l'eau des communications électriques sans fils.

Deux grandes plaques métalliques furent placées dans le lac Wannsee, à deux cents mètres de distance environ et se faisant face l'une à l'autre, les plaques étaient reliées aux deux pôles d'une batterie d'accumulateurs (1) et au moyen d'une souche et d'une interruptibilité d'établir un service régulier de communication télégraphi-

(1) On appelle accumulateur ou pile secondaire un appareil qui charge dans les établissements industriels pourvus de générateurs d'électricité. L'accumulateur permet d'utiliser lorsqu'on veut, et où l'on veut, l'énergie qu'il a *emmagasinée*.

Prenons pour exemple l'accumulateur de Planté, qui se compose d'un vase contenant de l'eau acidulée dans lequel plongent deux lames de plomb enroulées en spirales, emboîtées l'une dans l'autre et séparées par une toile.

Voici son fonctionnement: pendant la *charge*, les lames de plomb sont reliées aux pôles d'une pile ou d'une machine à courant continu: la lame *négative* absorbe de l'hydrogène pendant que la lame *positive* se peroxyde. Pour utiliser l'énergie électrique ainsi accumulée, on réunit les deux lames par un conducteur et l'on obtient un courant qui persiste tant que les provisions de gaz fixées sur les lames de plomb ne sont pas épuisées.

ques entre l'eau et la terre, de même entre navire. Ce service fonctionnerait à des distances considérables beaucoup mieux que le service des signaux.

D'autant plus qu'on doit s'attendre à obtenir sur mer des résultats meilleurs, car l'eau de mer en raison de la quantité de sel qu'elle contient possède des qualités de conductibilité électrique plus grande que l'eau douce.

Les recherches des savants sont incessantes, et, nous le répétons, font qu'il n'y a plus à s'étonner de rien. Qu[i] n'eut pas douté il y a moins d'un siècle de la possibilité de descendre au fond de l'eau ces longs serpents de mer qui sont les câbles ?

Voici les chiffres que l'on donne pour la confection d'un câble électrique formé de 13 fils, qui absorbera : 975.000 kilos de cuivre ; l'application de l'enveloppe isolante sur le conducteur nécessitera l'emploi de 845.000 kil. de gutta-percha brute ; la fabrication des fils d'acier galvanisés qui formeront l'armature du câble absorbera 4.687.000 kilos d'acier. Quatre navires de fort tonnage seront employés pour transporter le câble et procéder à sa descente sur le sol de la mer.

Après tout, est-ce trop quand il s'agit de permettre à la pensée humaine de traverser les océans ?

M. Ader a créé de dernièrement la possibilité de transmettre couramment 100, 125, voire même 150 lettres à la minute au moyen d'un appareil de son invention que j'ai vu, de mes yeux vu fonctionner il y a quelques jours à Grenelle à l'usine des téléphones à travers une ligne *artificielle* de feuilles de papier et de feuilles d'étain super-

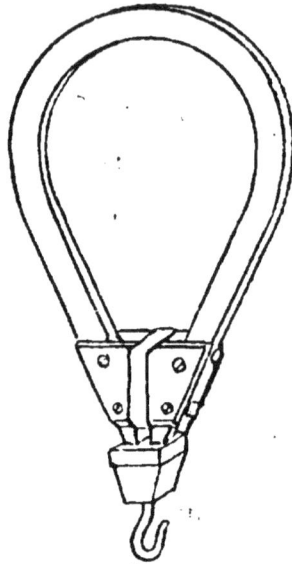

posées reproduisant exactement la résistance et la capacité du câble de New-York. La description de l'appareil Ader sera bientôt faite. C'est la simplicité même. Un fil fin tendu dans le champ magnétique, entre les deux pôles d'un électro-aimant puissant. Une bande de papier photographique se déroulant derrière une étroite fente horizontale, une lampe à pétrole, un point c'est tout ! Sous l'influence du courant, le fil se déplace tour à tour à droite et à gauche et projette son ombre à travers la fente sur le papier sensible où les signaux s'inscrivent

ainsi avec une exactitude mathématique. C'est le courant lui-même en quelque sorte qui photographie en une
ligne immense ses moindres oscillations. Pour amplifier
l'ombre du fil, on y ajoute un petit indicateur de molle
plume de paon. Mais l'ensemble de l'appareil ne pèse pas
en tout un milligramme, de sorte que l'inertie pouvant
être pratiquement considérée comme nulle, le réglage
étant fait d'avance une fois et les frottements étant réduits à peu près à néant, la sensibilité est *maxima*.

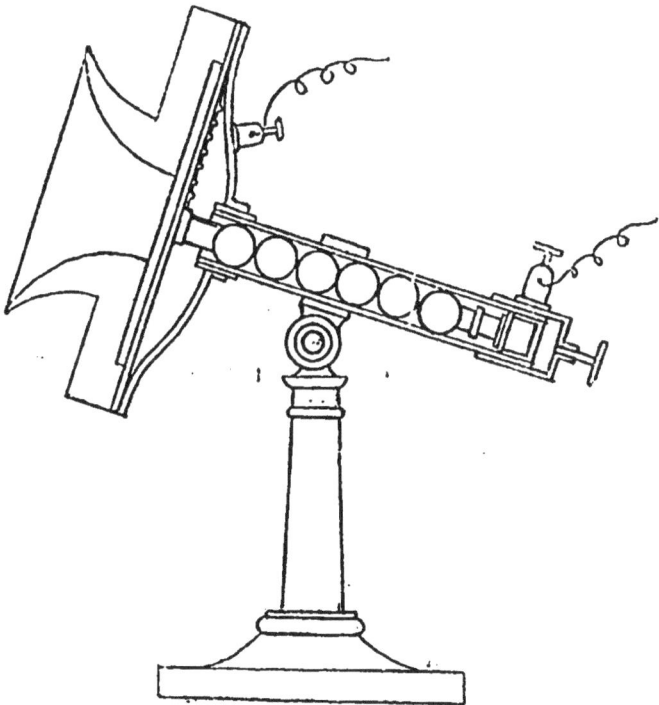

Dans une armoire annexée à l'appareil, le fixage chimique de la bande de papier sensible s'opère très rapidement ; vous avez votre dépêche.

La rapidité est telle qu'en reliant au télégraphe Ader le transmetteur microphonique d'un téléphone, on peut noter les ondes de la voix, on télégraphie donc aussi vite qu'on parle.

La traction électrique.

La traction électrique a fait de grands progrès. On sait que les *tramways* électriques sont universellement

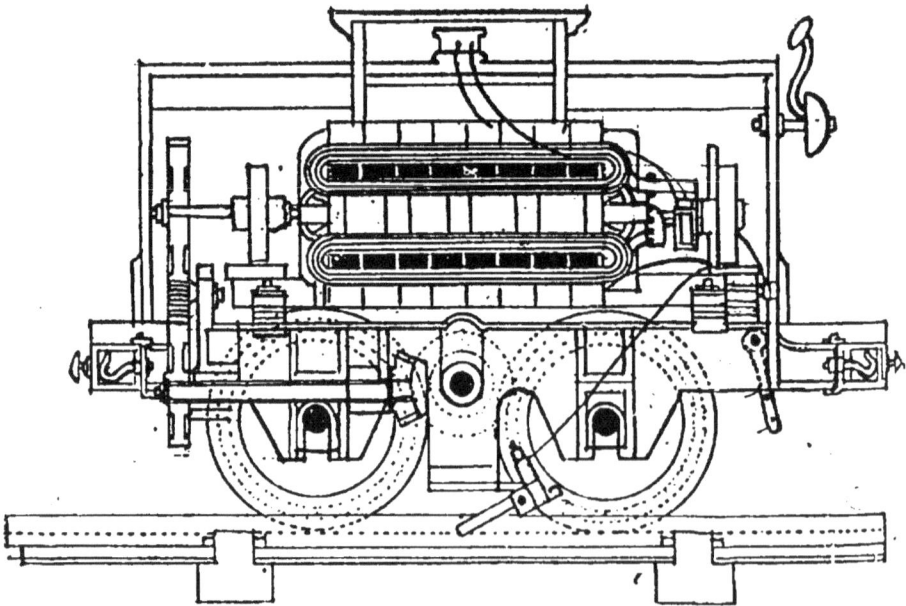

employés aux États-Unis et qu'ils tendent en France à se développer et à remplacer les tramways à vapeur, à air comprimé et surtout les tramways à traction de chevaux (1).

La traction électrique vient de faire aussi ses débuts sur les voies ferrées.

Entrons ici dans quelques détails, car la chose en vaut la peine.

(1) Ils sont jusqu'à présent actionnés à Paris par des accumulateurs électriques. En Amérique, les tramways sont à conducteurs aériens, dans lesquels l'électricité à haute tension, circulant sur des câbles, est recueillie au passage par des petits chariots roulants nommés *Trolleys*, qui les conduisent dans la machine électrique autrement le tramway. C'est ainsi que fonctionne le tramway de Clermont-Ferrand et celui de Marseille.

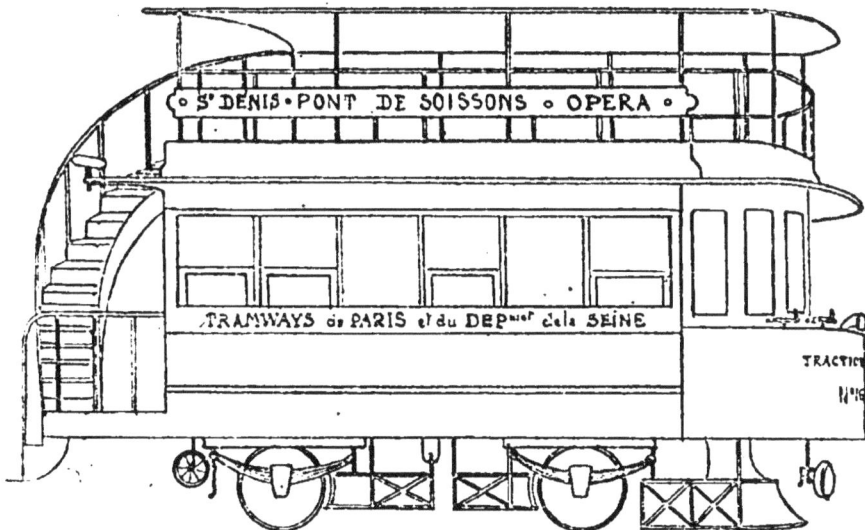

LA LOCOMOTIVE ÉLECTRIQUE

Dernièrement eurent lieu sur la ligne du Champ de Mars à Asnières les essais définitifs de la nouvelle locomotive électrique système Heilmann construite par les ateliers Cail pour la Compagnie des chemins de fer de l'Ouest.

Quoique née d'hier à peine, la traction électrique a rattrapé et même, en ces dernières années, dépassé la traction par la vapeur sa rivale qui, elle, remonte à près d'un siècle.

Londres, Liverpool, Chicago, Baltimore possèdent depuis peu de temps un réseau urbain électrique. Sur ces différentes lignes, la vitesse commerciale ne dépasse pas soixante kilomètres à l'heure. Mais c'est en France, il convient de s'en souvenir, qu'ont été fait les premiers essais et chez nous, par nos ingénieurs, qu'a été résolu le problème de la traction électrique à grande vitesse. Cela ne s'est pas fait du jour au lendemain. Naturellement il a fallu chercher, tâtonner, combiner, et l'attente a pu paraître un peu longue au public toujours impatient de connaître les résultats. A voir le merveilleux et puissant engin de la Compagnie de l'Ouest, on croirait qu'il est sorti d'un coup de baguette tout achevé du cerveau de l'inventeur; et pourtant que d'années de travail, que de patients calculs, quel concours de talent et de science technique représente même aux yeux du profane cette fusée électrique dont les organes complexes forment un ensemble si parfaitement harmonieux !

C'est que le problème était particulièrement ardu sans dépasser les limites de dimensions et de poids, déjà atteintes pour les locomotives ordinaires. Il s'agissait de créer un moteur à la fois plus rapide et beaucoup plus puissant. Des expériences furent faites il y a trois ans et demi au Hàvre d'abord, puis sur la ligne d'Argenteuil à Mantes avec un premier modèle de machine système Heilmann. Ces expériences dont les résultats avaient été concluants amenèrent la Compagnie à commander une nouvelle locomotive construite sur le même principe, mais très perfectionnée.

La fusée n° 1 à la vérité avait tenu tout ce qu'elle avait promis. Sous ce rapport de la vitesse même les espérances de l'inventeur était dépassées ; si l'appareil électrique en son ensemble avait très bien fonctionné, la machine à vapeur s'était par contre montrée insuffisante. Bref, on pouvait constater certaines erreurs de détails dans la construction et au point de vue de la puissance le nouveau moteur ne réalisait pas entièrement les conceptions de ceux qui en avaient étudié tous les organes.

Les ingénieurs de la compagnie de l'Ouest et les collaborateurs de M. Heilmann se remirent à l'œuvre patiemment, forts des premiers succès. Profitant de l'expérience acquise ils sont enfin arrivés à mettre au point une locomotive électrique à grande vitesse, robuste et puissante, destinée à la remorque des express de fort tonnage sur les lignes du Havre, de Dieppe et de Bretagne.

Voici en quelques mots, aussi clairs que possible, le principe sur lequel s'est basée la machine n° 800. Le dispositif adopté n'est autre que la transformation d'un travail mécanique en énergie électrique. Cette opération, se fait en route sur le moteur lui-même, au moyen d'une machine à vapeur dont le rôle est d'actionner les dynamos. Ces dernières, du type Gramme, ont un début normal de seize cents ampères. Des appareils spéciaux, calés directement sur les essieux, opèrent sur eux une sorte de torsion énergique sous l'influence de laquelle les roues se mettent à tourner. Les deux dynamos génératrices sont logées dans une vaste cabine formant avant-bec et terminée comme les locomotives de la Compagnie Paris-Lyon-Méditerranée, par un éperon destiné à diminuer la force de résistance du vent aux hautes allures. C'est dans cette cabine que se tient le mécanicien ayant sous la main la commande du régulateur, du levier de changement de marche du frein et de rhéostat. Un tableau placé à la hauteur d'œil contient les appareils enregistreurs indiquant constamment la vitesse et l'intensité de la force électro-motrice. Et tout cela est d'une propreté qu'on n'est pas habitué à rencontrer sur les locomotives à vapeur actuelles. Comme dans la chambre des machines d'un paquebot tout est reluisant et net ; les cuivres et les aciers bien astiqués étincellent à l'abri de la cabine, le mécanicien et le chauffeur ainsi que les appareils sont garantis de la poussière et de la fumée. On pourrait ce semble conduire la locomotive Heilmann en gants blancs.

Quant à la stabilité parfaite du nouveau moteur, nous ne saurions mieux en donner l'idée, qu'en disant qu'on peut facilement écrire sur la machine même aux plus grandes vitesses. Cette absence de trépidations si dangereuses pour la solidité de la voie est un véritable tour de force, étant donnés la longueur et le poids exceptionnel de l'engin, lequel ne pèse pas moins de cent vingt tonnes en service. Une autre conséquence avantageuse de cette remarquable stabilité — et ceux qui assistaient aux expériences récentes en ont été frappés — est, avec la suppression des mouvements de lacet, de roulis et de galop, l'augmentation de l'adhérence. Aussi le démarrage est-il très doux et rapide.

D'ailleurs, il faut ici le reconnaître non seulement sous le rapport de la vitesse mais encore au point de vue de la force de traction, les épreuves de l'autre jour ont été éminemment éloquentes. Les allures de cent dix et cent vingt kilomètres à l'heure sont d'ores et déjà assurées avec la machine Heilmann et ce n'est qu'un début.

Quant à la puissance, elle est incomparablement supérieure à celle des locomotives ordinaires puisqu'elle dépasse en travail courant seize cents chevaux. Grâce à un dispositif ingénieux, la provision d'eau empruntée par le nouveau moteur électrique lui permettra d'effectuer sans arrêt des parcours d'au moins trois cent cinquante kilomètres.

Transmission de l'Electricité aux Tramways électriques

Beaucoup de villes dans l'Ancien et le Nouveau-Monde possèdent des tramways électriques.

Il sera probablement agréable de posséder quelques renseignements sur les différents moyens actuellement employés pour transmettre l'électricité de l'usine productrice aux voitures et en donner les avantages et les inconvénients.

Quatre systèmes différents sont actuellement appliqués ; ce sont : 1° la traction par fil aérien ; 2° par accumulateurs ; 3° par caniveau souterrain ; 4° par pavé de contact au niveau du sol.

Traction par fil aérien. — Dans ce mode de traction, un fil de 8 millimètres de diamètre, placé au-dessus et parallèlement à la voie, à 6 ou 7 mètres du sol, amène le courant au tramway. Celui-ci porte sur sa toiture un trolley (long bras oblique) dont l'extrémité libre munie d'une roulette vient s'appliquer au-dessous et contre le fil aérien.

Ce fil est soutenu, soit par d'autres transversaux (ancrés) dans la façade des maisons, soit par des poteaux placés des deux côtés de la voie. On peut encore employer des consoles en forme de potences.

L'avantage de ce système, est d'être économique comme frais de premier établissement ; l'équipement électrique complet coûte de 17 à 22,000 francs (cette différence provient de l'emploi de poteaux ou consoles plus ou moins élégants, ainsi que de l'importance du trafic). Par contre, il a l'inconvénient d'embarrasser les rues d'une véritable toile d'araignée, formée des fils tant longitudinaux que transversaux ; ce qui n'est pas très décoratif. Si la Compagnie des tramways adoptait le fil aérien, on devrait l'obliger à employer le trolley Dickinson, appliqué à Châlons, ce système ayant l'avantage de pouvoir, en se mouvant obliquement au-dessus de la voiture, permettre de placer le fil aérien sur des consoles à contre potences implantées dans la bordure du trottoir.

De cette façon, on ne voit qu'un fil, encore est-il rejeté sur le côté de la chaussée. Malheureusement là n'est pas le seul inconvénient. En effet, le courant, après avoir alimenté les moteurs placés sous la caisse de la voiture, retourne à l'usine par les rails. Il faut prendre alors la précaution de réunir électriquement, au moyen de fils de cuivre, les différents rails composant la voie ; car, si on néglige cette mesure, le courant trouvant une résistance à passer par les éclisses (plaques boulonnées réunissant deux rails successifs), il se produit à travers le sol humide des courants dérivés dont l'effet électrolytrique se traduit par une rapide détérioration des conduites d'eau et de gaz. A Baltimore et à Chicago des conduites de 2 centimètres d'épaisseur ont été complétement perforées en 5 ou 6 ans.

Le courant passant par les rails, produit aussi des perturbations dans les communications téléphoniques.

On peut, pour remédier à ces inconvénients, employer deux fils aériens et deux trolleys; on suprime ainsi le retour par les rails.

La traction par fil aérien est employée à Roubaix, le Havre, Rouen, Châlons, etc.

Traction par accumulateurs. — Dans ce mode de traction, chaque voiture porte dans une batterie d'accumulateurs l'énergie nécessaire pour un certain nombre de voyages, après lesquels elle retourne à l'usine soit pour prendre une nouvelle batterie, soit pour recharger la première.

Comme on le voit, c'est, en principe, un système très simple; il présente de plus l'avantage de ne pas encombrer les rues de fils mais le mauvais rendement électrique des accumulateurs et le poids supplémentaire de la batterie à déplacer rendent les accumulateurs plus onéreux que le fil aérien (on peut en voir l'application à Paris.)

Traction par caniveau souterrain. — Il faut, pour amener le courant à la voiture, placer dans l'entre-voie un caniveau souterrain. Ce caniveau porte à sa partie supérieure une petite ouverture longitudinale par où pénètre des frotteurs allant prendre le courant sur deux fils placés sur des isolateurs et logés dans le caniveau. Nous n'insisterons pas sur ce système, les prix de premier établissement étant très élevés (80 à 100,000 fr. du kilomètre). Il est appliqué à Budapest et à Berlin.

Traction par pavés de contact au niveau du sol. — Ici le courant est amené aux moteurs des tramways par des pavés métalliques isolés qui se trouvent dans l'entre-voie au niveau du sol et par l'intermédiaire de longues prises de courant placées sous les voitures.

Un fil souterrain isolé amène le courant à ces différents pavés mais on conçoit qu'ils ne doivent pas rester constamment en relation avec le câble sous peine d'accidents. Pour cela différents dispositifs ingénieux n'établissent le contact qu'entre le cable et les pavés qui sont couverts par la voiture.

Le seul reproche qu'on puisse faire à ce genre de traction est de coûter un peu plus cher que le fil aérien Le système Clarei Vuilleurier, appliqué à Paris sur la

ligne de Romainville à la place de la République a coûté
comme équipement électrique, 21.000 francs au kilomètre.

Nous pourrions encore citer le système Diatto qui
est ou va être — s'il ne l'est déjà — installé à Saint-Na-
zaire et à Tours et qui coûterait de 17 à 25.000 francs
du kilomètre, et le système Westinghouse appliqué à
Washington U. S. A. Dans ces trois systèmes le courant
revient par les rails mais on empêche les effets électriques par un bon clissage électrique.

LA TÉLÉGRAPHIE SANS FIL

L'état-major de la marine italienne est en train d'étudier la nouvelle découverte de M. Marconi sur la télégraphie sans fils ; on lira sans doute avec intérêts quelques lignes à propos du jeune inventeur.

M. Marconi a vingt deux-ans à peine. Il est né en 1875 à Sasso, près de Pontecchio, à la province de Bologne. La famille Marconi est très connue à Bologne. L'électricien se révéla dans notre jeune inventeur depuis ses plus tendres années ; parmi les sciences physiques qu'il aimait, extraordinairement, l'électricité formait sa passion principale.

La petite ville de Grillont, près de Pontecchio, fut le champ de ses premiers exploits. Il avait rempli son appartement d'appareils de toutes espèces et vivait absorbé dans ses études.

L'idée d'un système de transmission télégraphique
sans fils ne lui vint pas par hasard ; mais il s'était pro-
posé carrément ce problème en cherchant le moyen de
le résoudre. Et voici notre jeune homme qui à l'âge de
dix-huit ans se livre à ses tentatives et à ses expériences
pendant trois ans, ce qui prouve la force de son caractère.

Il faut entendre de sa bouche même la *via crucis* de
ses expériences qui exigèrent de sa part une patience
énorme. M. Marconi avait trouvé une ingénieuse application de célèbres expériences sur les ondes électriques
et leur propagation. Il se servit de miroirs convexes
spéciaux dans lequels les ondes électriques auraient
dû se réfléchir à différentes distances, de façon à s'en
servir pour la transmission des signaux télégraphiques
Morse.

Au commencement de 1896 il crut que ses expériences
étaient à un degré satisfaisant et songea alors à faire
connaître la découverte. Plein d'initiative, sachant parfaitement l'anglais, il prit un billet de chemin de fer pour
Londres, où les inventeurs trouvent toujours de l'appui
et de l'encouragement.

Une fois dans la grande métropole le jeune Italien alla
directement voir M. Preece, un ingénieur éminent qui
dirige dans le Royaume-Uni le service des télégraphes

et des téléphones. Quelques jours après le monde savant et la presse s'occupaient de lui et de son invention.

M. Preece prenant part, à Liverpool, à une discussion a l'Association britannique des sciences, communiqua à la savante réunion la découverte de M. Marconi. Il s'agissait d'une application des ondes de Herz ; mais M. Preece s'étant engagé à tenir secrets les détails de l'appareil, l'Académie demeura pleine de curiosité et des discussions ardentes s'engagèrent sur ce mystère scientifique.

M. Marconi avait justement cru qu'il fallait tenir secret le fonctionnement de son appareil jusqu'au moment où de nouvelles expériences lui eussent permis de le perfectionner.

On finit par obtenir des résultats si bons, que l'appareil fut transporté dans la plaine de Salisbury, à cinquante milles de Londres, et l'on procéda à de nouvelles expériences avec l'assistance de plusieurs officiers de l'armée. Les instruments étaient encore les premiers construits par l'inventeur, et par conséquent pas trop parfaits ; mais on réussit quand même à transmettre des signaux à la distance de quatre milles anglais. L'Académie britannique des sciences put alors avoir de M. Preece quelques renseignements sur la nature de l'appareil de transmission et de réception. On savait déjà que des impulsions électriques, courtes ou longues, peuvent être transmises

en interposant des réflecteurs électro-magnétiques parti-
culiers entre la source d'énergie et l'appareil récepteur ;
mais M. Marconi s'était servi d'un système de contact
radicalement nouveau. Son appareil fonctionnait grâce
à une bobine de Rhumkorff de 10 pouces de diamètre,
un accumulateur Lodg et un réflecteur parabolique. Rien
de plus simple.

Depuis ce temps-là les dernières expériences de la
plaine de Salisbury remontent à septembre 1895,
M. Marconi a travaillé sans cesse au perfectionnement de
son appareil. Il est impossible de juger dès à présent
quelles pourront être les applications de cette merveilleuse
découverte. En attendant M. Marconi a pris un brevet
de son invention pour tous les états d'Europe, pour le
Japon et pour la Chine.

Sa découverte intéresse extraordinairement la marine ; par elle le service des sémaphores peut subir une transformation radicale. Quant aux armées terrestres, l'appareil de M. Marconi peut devenir précieux en temps de guerre.

L'ÉCLAIRAGE ÉLECTRIQUE

On sait à quelles perfections est arrivé actuellement l'Eclairage électrique. Il suffit de tourner un bouton pour obtenir de la lumière et de le fermer en sens inverse pour que la lumière soit éteinte.

En nombre d'endroits l'éclairage électrique a remplacé l'éclairage au gaz.

L'appareillage des lampes électriques, la *Lustrerie*, comme on dit, a fait de grands progrès.

On est arrivé non seulement à fournir un éclairage brillant mais encore à obtenir des effets de décoration d'une grande élégance, utilisant même parfois les anciens lustres et les anciens appareils à gaz.

Les physiciens ont imaginé plusieurs appareils pour produire dans l'obscurité des effets de lumière très variés au moyen de l'étincelle électrique : nous parlerons du *tube étincelant.*

Le tube étincelant est formé d'un tube de verre d'un
mètre de longueur environ dans lequel on a collé une série
de petits losanges de feuilles d'étain disposé en hélice tout
le long du tubes de manière à ne laisser entre elles que
des solutions de continuité fort petites. Aux extrémités

du tube sont deux viroles en cuivre munies de crochets
terminés en boule, communiquant avec les deux bouts de
l'hélice ; si en tenant le tube par un bout on présente l'autre
à la machine électrique, des étincelles jaillissent simultanément à chaque solution de continuité et produisent
une brillante traînée lumineuse, surtout dans une pièce
obscure.

On emploie deux sortes de lampes électriques : 1° Les

lampes à arc qui produisent beaucoup de lumière et servent à éclairer les grands magasins, les gares de

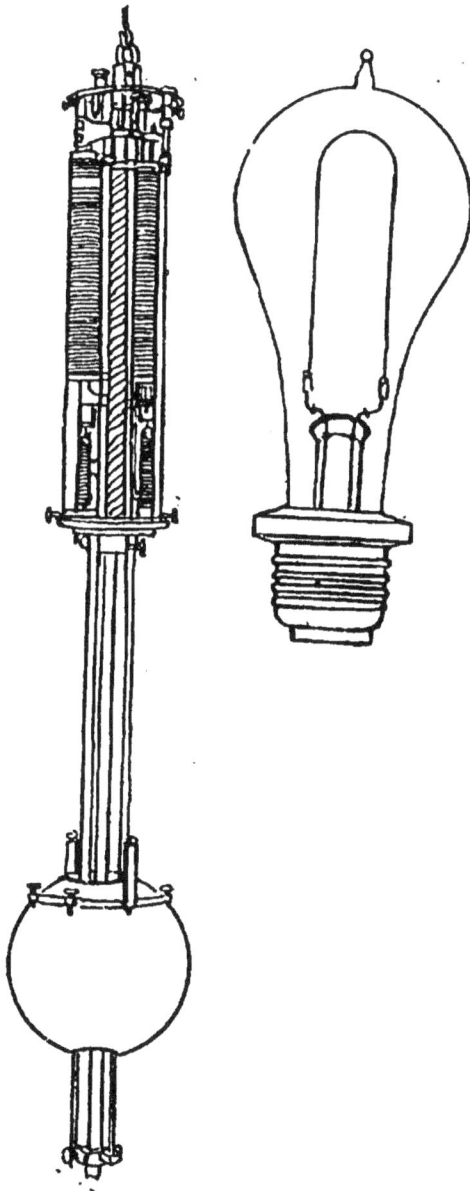

chemins de fer, les rues, les places publiques, les cours, les halls, etc.; 2° les lampes à incandescence qui sont faites pour l'éclairage des salles, des appartements, car leur système permet de diviser la lumière comme on le désire, puisque l'on fait des lampes qui produisent de 1 à 30 bougies.

La lampe à incandescence peut être considérée comme l'invention capitale d'Edison.

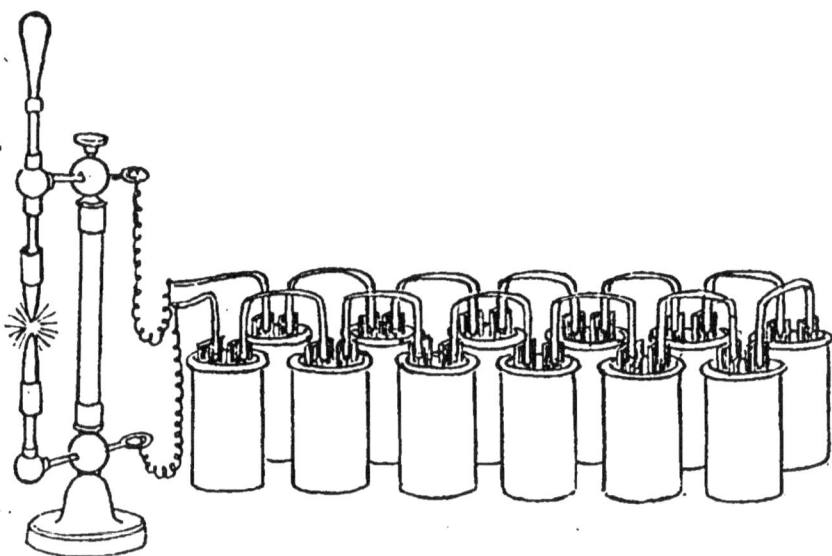

Dans son ouvrage sur l'électricité, M. H. Fontaine n'hésite pas à déclarer qu'Edison est le véritable créateur de l'éclairage par incandescence et il déclare à ce titre qu'il est un « des *bienfaiteurs de l'humanité.* »

Nous venons de dire que la lumière électrique s'obtient par deux modes différents : L'arc voltaïque et l'*incandescence* dans le vide.

Les charbons pour la lumière par arc sont des agglomérés de graphite très durs ; comme ils se consomment peu à peu, le positif deux fois plus que le négatif, il faut, pour maintenir leur écartement et la longueur de l'arc, un système de *régulateur* dont on connaît de nombreuses variétés ?

Les régulateurs sont dits *mo-nophotes* quand on ne peut en placer qu'un seul dans le circuit et polyphotes dans tous les autres cas.

La *bougie Jablochkoff* est formée de deux baguettes de charbon placées côte à côte et séparées par un isolant.

L'arc se produit à l'extrémité ; il faut des machines à courant alternatif pour les allumer et pour maintenir leur usure régulière.

La lampe à incandescence a été inventée par Edison en 1879. C'est un filament de chanvre, de coton ou de bristol carbonisé, enfermé dans une ampoule où l'arc fait le vide.

L'éclairage électrique s'obtient comme on sait au moyen de machines dynamos, la grosse affaire est de mettre ces

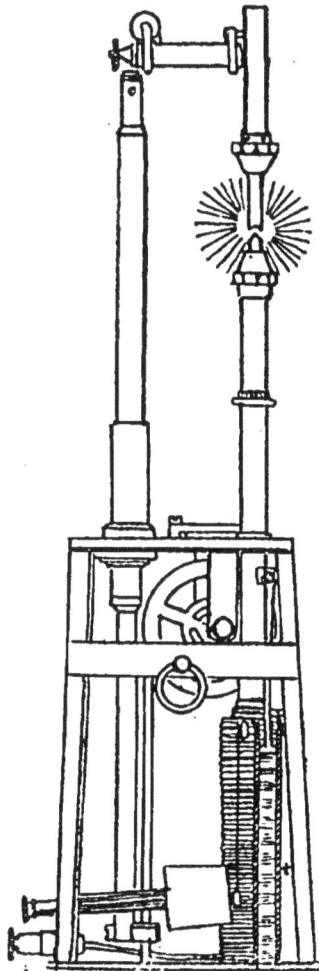

14

machines en mouvement. La vapeur est puissante, mais elle
a bien ses petits inconvénients, celui-ci entre autres : les
moteurs à vapeur n'utilisent guère qu'un dizième de la
force théorique du charbon, ce qui veut dire qu'il faut

dix kilog. de charbon pour produire ce qu'un seul kilo
théoriquement devrait donner par sa combustion.

C'est un peu cher. Voyez cette splendide locomotive
qui dévore l'espace : son panache blanc n'est pas de la
fumée, c'est de la vapeur ardente qui a brûlé la fumée du
foyer et cette vapeur se perd dans l'atmosphère empor-
tant d'effroyables quantités de calorifique inutilisé.

Parlez-moi des chutes d'eau au contraire : elles ne

coûtent rien et sauf, des cas très rares, elles coulent toujours et font tourner la roue ou la tur-
bine sans interruption. Innombrables
sont les petites villes et les villages pos-
sédant une chute d'eau et qui pourraient les utiliser pour l'éclairage électrique ; quelques villages l'ont déjà fait
en France. D'autres, en bien plus
grand nombre, restent dans l'obscurité
malgré leurs cascades. Comme si
c'était pour l'amour de la belle nature.

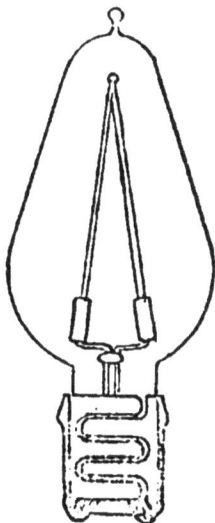

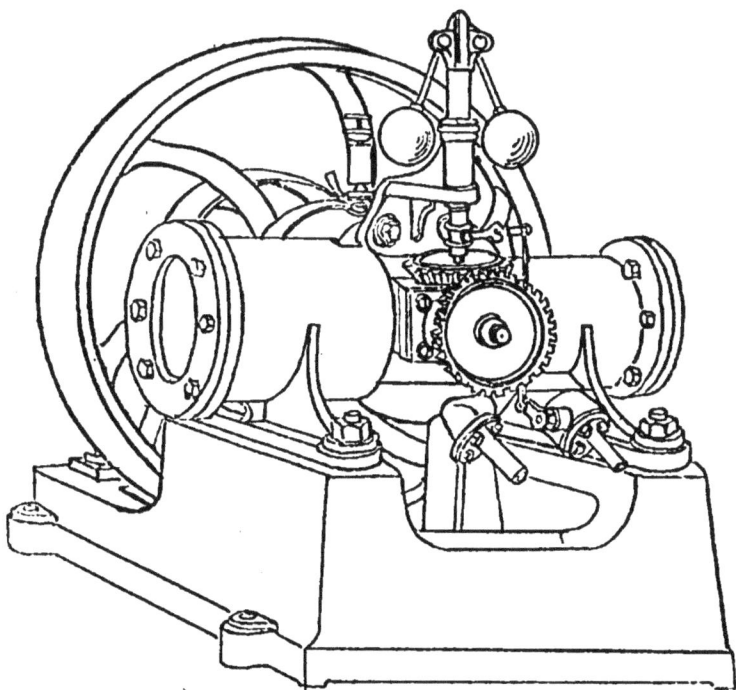

M. le docteur A. Battandier nous apprend que six villes

de l'Ombrie sont actuellement éclairées à l'électricité.
Ce sont Terni, Narni, Foligno, Orvieto, Rieti et Spolète. Toutes les six ont des chutes d'eau importantes
dans leurs environs, lesquelles actionnent des turbines
et font tourner les dynamos.

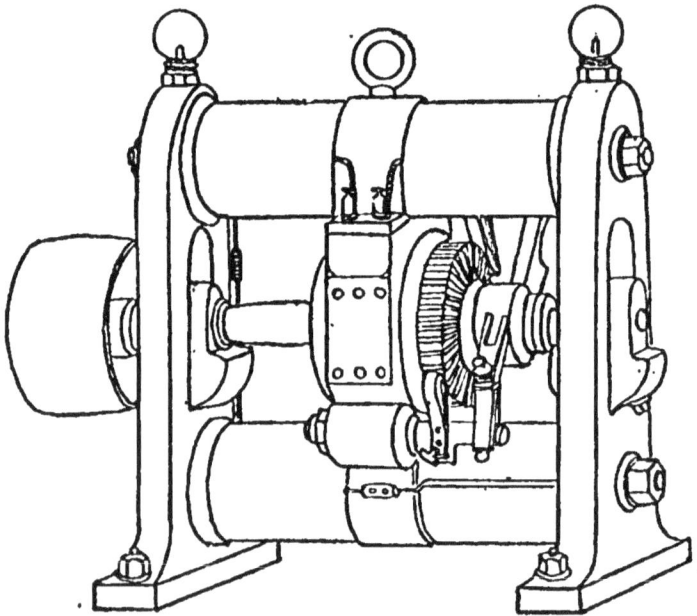

C'est déjà très économique, mais ce qui réduit encore
le prix de revient c'est que les habitants s'abonnent non
pas au compteur mais à forfait, c'est-a-dire tant par bougie, et celle-ci peut brûler toute l'année si l'on veut. Une
lampe de dix bougies paye 19 fr. par an à Narni, 20 à
Spolète, 22 a Foligno, 25 à Terni et Rieti.

N'y-a-t-il pas à craindre qu'on abuse des lampes ?
Pas du tout. Pourquoi voulez-vous qu'on les allume quand
il fait jour et uniquement pour faire perdre de l'argent à la

compagnie? D'ailleurs on est obligé de renouveler à ses frais la lampe qui a fait son temps. L'intérêt du consommateur est donc de ménager sa lampe et de prolonger son existence. A Paris l'éclairage à incandescence coûte plus du double, soit de 58 à 85 francs par an suivant le taux du courant. Nous sommes loin du prix d'éclairage, dans les six villes de l'Ombrie.

L'atmosphère et l'électricité

L'atmosphère est quelquefois tellement chargée d'électricité que les buissons, les troncs d'arbres isolés, les oreilles et la crinière des chevaux, etc.. deviennent lumineux. Ces étincelles sont accompagnées d'un sifflement pareil à celui que fait entendre l'eau peu de temps avant de bouillir dans les vases métalliques. C'est ce qui a été observé par plusieurs personnes à la fois dans la nuit du 17 janvier 1817, sur plusieurs points de la côte orientale es États-Unis d'Amérique.

La succession des éclairs était très rapide et le bruit du tonnerre très rare.

Une observation analogue a été faite le 20 février 1817, vers neuf heures du soir, par M. James Braid de Leadhills,

et par M. Allemand fils, le 3 mai 1820. Ce dernier remarqua, comme M. Braid, que les bords de son chapeau
étaient en feu pendant une pluie battante. En cherchant
à éteindre ce feu avec la main, il en augmentait la vivacité ; cette lumière n'avait point d'odeur et ne produisait
pas le pétillement qui a été remarqué dans les deux observations précédentes.

On a cherché à expliquer par différentes hypothèses l'o-
rigine de l'électricité atmosphérique. Volta, le premier,
fit voir que l'évaporation de l'eau produit de l'électricité.
Depuis on a reconnu que si l'eau est distillée, l'évaporation ne donne jamais lieu à un dégagement d'électricité,
mais si l'eau tient en dissolution un alcali ou un sel
même en petite quantité, la vapeur est électrisée positivement et la dissolution négativement. L'inverse a lieu si
l'eau est combinée à un acide.

Les eaux qui se trouvent à la surface du sol et dans les
mers contiennent toujours en dissolution des matières
salines. Les vapeurs qui s'en dégagent doivent être électri-
sées positivement et le sol négativement.

Dans diverses expériences on a constaté le développement de l'électricité par l'*évaporation*. Au moyen de
cerf-volants et de ballons munis d'une pointe métallique
et retenus par une corde autour de laquelle s'enroule
un fil de métal, etc.., on a constaté que ce n'est pas seu-

lement pendant les troubles de l'atmosphère que celle-ci possède de l'électricité, mais elle contient de l'électricité tantôt positive, tantôt négative.

Quand le ciel est pur, c'est de l'électricité positive que l'atmosphère contient.

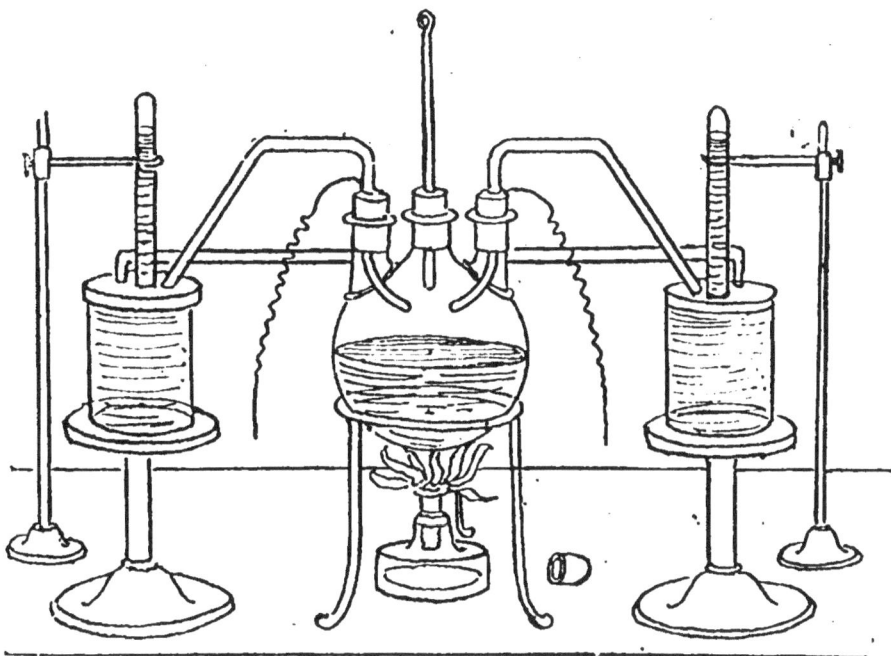

Mais cette électricité varie d'intensité selon la hauteur des lieux et les heures du jour. Plus ces lieux sont élevés, plus on observe le maximum d'intensité dans les rues, dans les maisons, aucune trace d'électricité positive, on n'observe d'électricité positive qu'à 1m,30 à peu près au dessus du sol ; en rase campagne l'électricité augmente de 8 heures à 11 heures suivant les saisons et atteint alors un premier maximum, puis décroît jusqu'au coucher du soleil, elle augmente de nouveau pour atteindre un second maximum peu d'heures après son couché puis décroît. L'électricité positive est beaucoup plus forte en hiver qu'en été.

Quand le ciel est couvert, tantôt c'est l'électricité positive, tantôt négative. Quant à . électricité du sol, elle est constamment négative, mais à des degrés différents.

Les bords de son chapeau étaient en feu (page 214).

L'ÉLECTRICITÉ ET SON INFLUENCE
SUR LA VÉGÉTATION

Sans avoir la prétention de vouloir réhabiliter la foudre, nous voudrions seulement faire voir que, parmi les phénomènes électriques, il en est au moins un qui a une action utile en agriculture.

L'électricité atmosphérique joue, en effet, un rôle prépondérant dans la science agronomique :

1° Par la formation de nitrate d'ammoniaque à laquelle elle donne lieu dans l'air ;

2° Par l'action particulièrement bienfaisante qu'elle paraît avoir sur la végétation.

Hâtons-nous de dire qu'il n'est nullement besoin de ces manifestations à grand fracas qui constituent les orages, ni des adjuvants ordinaires, pluie, grêle, bourrasques, qui les accompagnent trop souvent, pour

que l'électricité atmosphérique produise cette action bienfaisante dont nous voulons parler : ce serait payer trop
cher le service rendu.

Sans rechercher les causes très controversées, du
reste, de l'électricité atmosphérique, disons tout d'abord
que l'atmosphère contient toujours du fluide électrique
libre, mais en quantité variable sans que nous en ressentions
les effets. Si la tension du fluide électrique augmente, il
exerce immédiatement une grande influence sur tous les
êtres organisés : c'est alors que nous disons qu'il fait
lourd, que le temps est orageux. Cependant il ne s'ensuit
pas que l'orage se manifeste par des éclairs et des coups
de tonnerre : le plus souvent cet état particulier disparaît
simplement au bout d'un temps plus ou moins long ;
d'autres fois, nous apercevons l'éclair sans qu'aucun
bruit ne parvienne à notre oreille ; ceci dit, pour prouver l'état électrique de l'air, même en dehors des orages.

Qu'on nous permettre de rappeler maintenant l'*expérience classique de Cavendish* : si, dans un mélange
d'azote et d'oxygène, on fait passer une série d'étincelles
électriques, en présence d'une solution alcaline, il se
forme de l'acide azotique qui se combine avec la base.

Or, l'atmosphère ne nous présente-t-il pas le milieu et
les éléments nécessaires pour obtenir un pareil résultat ?

L'azote et l'oxygène qui composent l'air s'y trouvent

en mélange ; de plus, entre autres causes, la décomposition des matières organiques à la surface du sol y amène de l'ammoniaque ou des sels ammoniacaux volatils ; ainsi sous l'influence des phénomènes électriques, il se produit une notable quantité d'acide nitrique qui se transforme immédiatement en nitrate d'ammoniaque. Ce sel se trouve alors répandu dans toute l'atmosphère sous la forme de cristaux microscopiques qui, balayés par les pluies, sont bientôt amenés au sol.

Cette formation d'acide nitrique dans l'air est indiscutable, et sa présence dans l'eau de pluie est depuis longtemps constatée ; de plus, on a reconnu que la proportion en augmente au fur et à mesure comme un foyer intense de production équatoriale du globe : c'est que là, les orages sont plus nombreux ; aussi cette région intertropicale est-elle considérée comme un foyer intense de production pour le nitrate d'ammoniaque, d'où celui-ci est emporté par les vents dans les deux hémisphères, et transmis au sol par des pluies qui n'ont rien d'orageux. Cette théorie est corroborée encore par ce fait que sur les hautes montagnes, c'est-à-dire au-dessus des nuages qui sont le siège des décharges électriques, on ne trouve plus d'acide nitrique dans les eaux pluviales.

Nous voilà donc amené à considérer l'électricité atmosphérique comme la source primordiale de l'azote mis à la disposition des végétaux. Cependant, il ne faudrait pas s'exagérer l'importance de cette production d'azote. On a dû *doser très exactement les quantités d'acide nitrique et d'ammoniaque* ainsi entraînés par les eaux météoriques ; on comprend que les résultats soient très variables suivant les régions. C'est ainsi que M. Boussineault a évalué à 8 livres environ la quantité d'azote annuellement et par hectare, en Alsace ; tandis que MM. Gilbert et Lawes en ont trouvé 14 livres en Angleterre. Quoique la proportion de ces éléments azotés, ainsi apportés au sol, soit relativement faible, on doit cependant regarder cette source fertilisante comme très importante et elle nous a paru intéressante à signaler.

L'électricité atmosphérique, avons-nous dit encore, exerce une action salutaire sur la végétation (1). Cela découle évidemment de ce qui précède ; mais il semble que cet effet salutaire ne soit pas dû seulement à l'apport d'azote nitrique ou ammoniacal. De tout temps on a remarqué qu'après des manifestations d'électricité atmosphérique comme les orages, la végétation reçoit une vive poussée : et on s'est demandé si l'électricité, par elle-même et par une action propre, ne contribue pas à cette activité. L'abbé Nollet, ayant constaté que l'écoulement des liquides dans les tubes capillaires se fait plus vite

(1) Voir notre livre sur l'*Agriculture*.

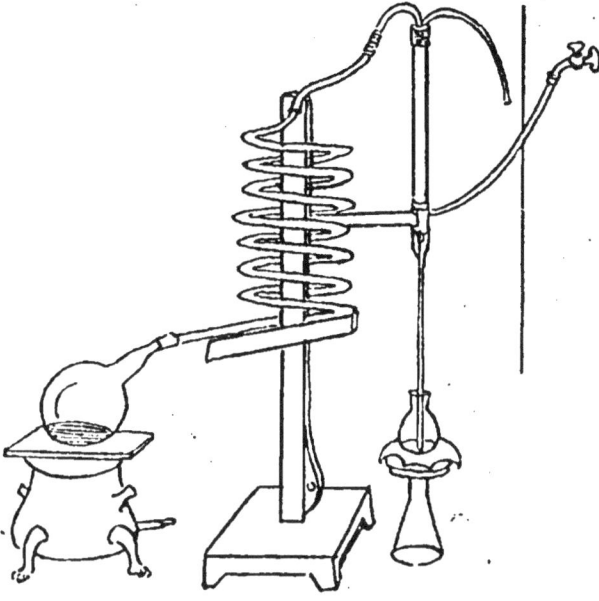

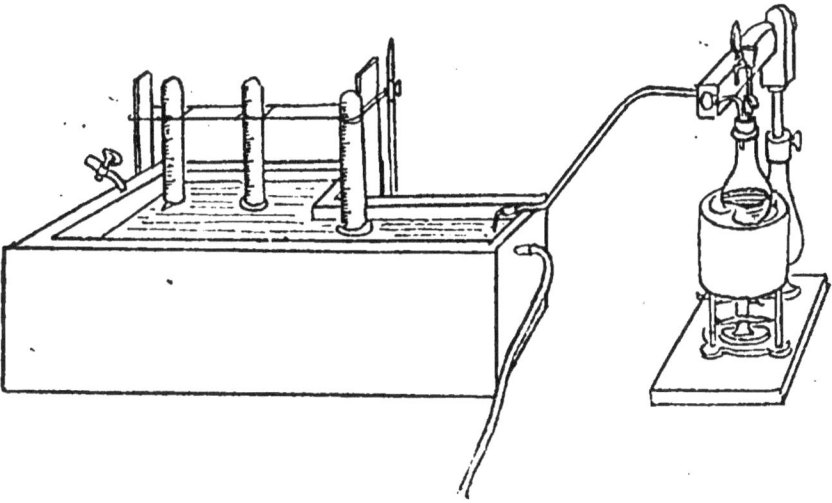

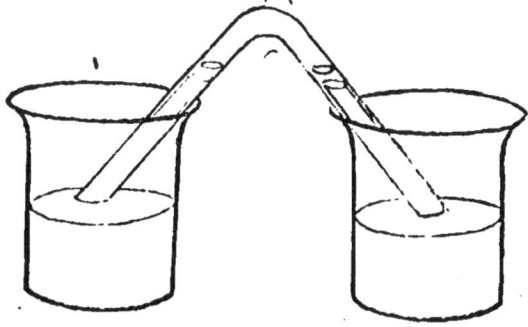

Appareils pour doser l'acide nitrique.

quand on les électrise, a conclu peut-être que l'action électrique produit une plus grande vitesse ascensionnelle de la
sève. Duhamel de Monceau a constaté que les arrose-
ments sont bien plus efficaces quand le temps est disposé

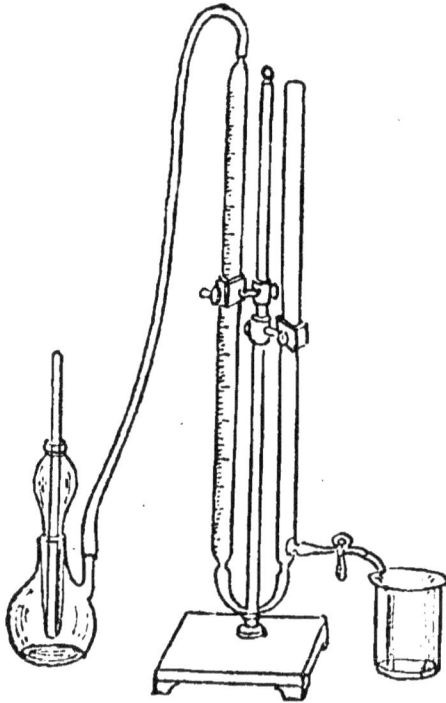

à l'orage, que quand il est beau et serein. M. Berthelot
va plus loin et pense que, sous l'action électrique, les
microbes du sol apportent une plus grande activité dans
l'assimilation de l'azote : disons tout de suite que cette
théorie est très controversée.

Enfin, M. Grandeau, après d'intéressants travaux
d'électroculture, a conclu que l'électricité atmosphérique
a une influence considérable sur la végétation, et qu'elle
prend une part dans le phénomène de la nitrification.

Quoi qu'il en soit, il est à peu près impossible de nier aujourd'hui que les manifestations électriques de l'atmos-

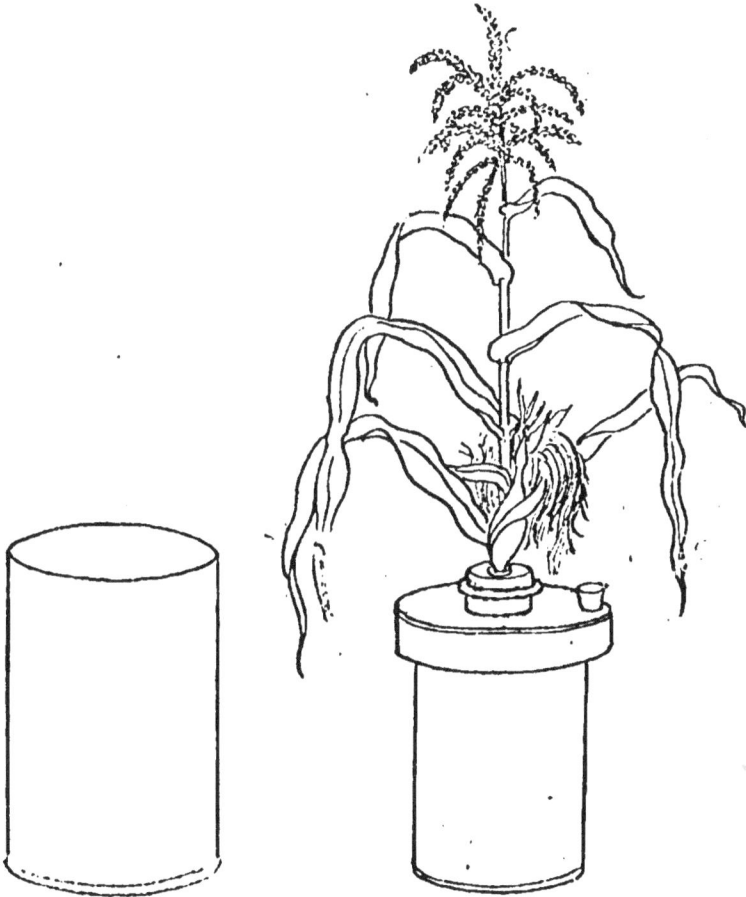

phère n'aient une influence réelle sur les plantes ; elles concourent activement à leur développement, elles favorisent la germination et la végétation en général, voire même la floraison et la fructification des récoltes. La végétation tropicale doit même compter comme un facteur important l'état électrique de l'air en ces régions.

Nous pensons d'ailleurs que la science nous réserve

des surprises sur ce sujet qui a intéressé déjà de nombreux savants.

L'Electricité dans l'agriculture

L'agriculture a gardé jusqu'ici des caractères per-
sonnels qui la différencient profondément de l'industrie.
L'application de l'électricité aux travaux agricoles effa-
cera ces différences en rapprochant peu à peu l'agriculture
de l'industrie. Il ne s'agirait pas seulement de la transmission de la force électrique pour faciliter les travaux de la
culture, mais d'un ensemble d'expériences ayant pour but
de rendre à l'aide de l'électricité plus rapide et plus puissante la pousse et le développement des semences et des
plantes. Il y a quelque temps une revue américaine le *Ta-
pier's Magazine* publiait un travail intéressant sur les essais
qu'on avait faits autrefois à cet effet sans en avoir obtenu
aucun résultat parce qu'on employait des courants électriques trop faibles. Dans ces derniers temps on a repris
ces expériences surtout en Amérique et en Suisse, avec
un succès satisfaisant.

Le plus souvent le courant électrique est fourni par
des plaques de cuivre ou de zinc enfoncées dans le terrain

qui, étant toujours humide, fonctionne comme le liquide d'une pile, le circuit est fermé par des fils tendus au-dessus du terrain. Tout récemment, M. Spechnevor entreprenait en Russie une série d'expériences en employant des courants obtenus au moyen d'une bobine de Rumkorf aussi bien que par des courants continus.

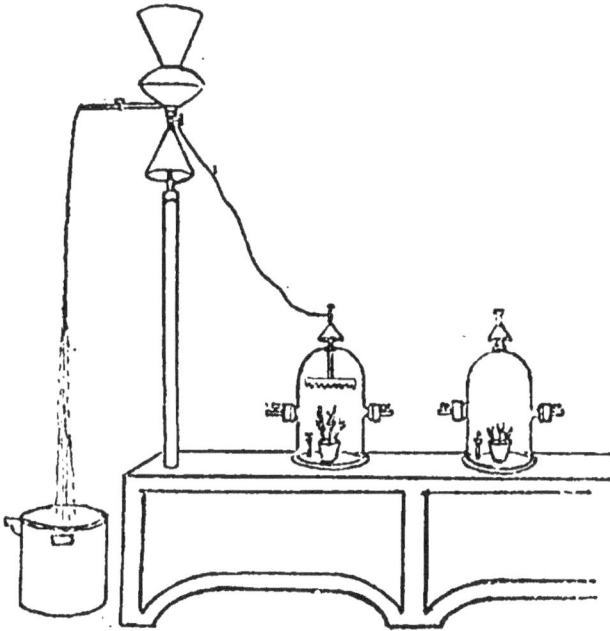

Les semences soumises à l'action des courants Rumkorf se développent plus vite et avec plus de vigueur tandis que l'influence des courants continus en hâtent le développement tout en donnant une récolte plus abondante. Les expériences de M. Spechnew ont été poursuivies par M. Saint-Rinney et les résultats qu'il en a obtenus ont été publiés par l'*Electrical Ingineer* de New-York ; ils sont tout à fait analogues à ceux auxquels M. Spechnew était arrivé et on peut les résumer de la manière suivante :

L'électricité exerce une grande influence sur la pousse des semences, et l'application du courant électrique à des périodes assez courtes, avance la germination de 30 % après 24 heures, de 24° /₀ après 48 et seulement 6 % après 72, de sorte que les effets du courant sont de beaucoup plus importants dans la première heure et se font sentir davantage sur les racines que sur la tige. L'ensemble des études et des expériences qu'on a faites jusqu'ici nous permet d'espérer que le jour s'approche où, à l'aide des machines agricoles actionnées par l'électricité, les plantes pourront se trouver non seulement dans des conditions de développement les plus favorables, mais qu'on pourra aussi, au moyen du courant électrique, pénétrer pour ainsi dire dans le mystère de la germination et stimuler les énergies vitales des semences.

La culture Electrique

Voici quelque temps qu'on essaye de remplacer la lumière du soleil trop rare en hiver par la lumière électrique dans les serres.

Un savant anglais, M. Werner, de Siemens, en particulier, a fait éclairer à la lumière électrique deux vastes serres dès le coucher du soleil au moyen de deux arcs voltaïques ayant une intensité lumineuse d'environ cinq mille bougies chacun. M. de Siemens a obtenu par ce moyen les résultats suivants : des pois semés en octobre ont porté fruit dans la première quinzaine de février ; des framboises ont mûri en 75 jours, des raisins en 2 mois et demi, les fruits avaient des couleurs vives et un parfums exquis.

Mais, car il y a un mais, la quantité de sucre qu'il, contenaient était sensiblement inférieure à la moyenne et la saveur moins agréable ; la lumière ne peut remplacer la chaleur.

LA CUISINE A L'ÉLECTRICITÉ

Une des plus curieuses applications de l'électricité c'est celle de la cuisine électrique.

En 1897, une cuisine de ce genre était installé, à l'exposition de Bruxelles ; un de nos amis qui l'a vu fonctionner a bien voulu nous en donner cette intéressante description :

Une des rares curiosités que présente l'Exposition de Bruxelles nous a-t-il écrit, est le restaurant automatique, en même temps restaurant électrique. La chose n'est point absolument nouvelle ! un essai de ce genre, dont on parla beaucoup, fut tenté, il y a trois ans à Berlin.

Depuis lors, certains progrès ont été accomplis : aussi l'installation est plus étendue et présente des côtés amusants.

Tout autour d'une salle assez vaste, on a disposé contre les murs une série de compartiments d'environ 20 centimètres de large sur 75 centimètres de haut, fermés par une glace permettant de voir ce qui se passe à l'intérieur. Un courant électrique maintient une température assez élevée dans ces espèces d'armoires que des rayons métalliques partagent en une dizaine de cases contenant chacune une portion d'un des plats du jour. Ici sont étagées huit ou dix saucisses aux pommes de terre ; à côté ce sont des tranches de bœuf Jardinière ; un appareil est réservé au poulet sauté, un autre aux côtelettes, etc. Il y a bien entendu un buffet froid, un distributeur de petits pains et de brioches, et un bar automatique débitant les boissons les plus diverses.

Il suffit de laisser tomber dans un trou de l'appareil le prix indiqué pour voir émerger le plat désiré. On l'emporte et l'on va s'installer sur une table à portée de laquelle se trouvent cuillères, fourchettes et couteaux.

Car il faut se servir soi-même : les garçons n'interviennent que pour desservir. On s'offre ainsi une saucisse aux pommes de terre pour six sous et une tranche de rosbif pour 60 ou 75 centimes.

Ce mécanisme ingénieux présente un léger inconvénient : on ne peut faire sortir les plats que dans l'ordre où ils sont placés. On n'a pas le choix entre les portions : Il faut les prendre telles qu'elles se présentent. Les gens pressés ou peu difficiles acceptent cette sorte de tirage au sort, mais les gourmets se tiennent en faction devant l'appareil, parfois durant un quart d'heure, attendant le tour de la saucisse ou de la côtelette qui leur a paru plus avantageuse que les autres. Toute la cuisine est faite à l'électricité, sous les yeux du public, quand l'affluence n'est pas trop considérable. Les appareils, construits d'après les mêmes principes que ceux existant actuellement en France, ne présentent rien de bien particulier. Nous allons profiter de l'occasion pour indiquer rapidement où en est aujourd'hui la cuisine électrique. Les casseroles électriques offrent cette particularité qu'elles font corps avec la source de chaleur. Cette source de chaleur se compose d'un fil métallique noyé dans une plaque d'un émail spécial collée à une plaque de fonte. L'ensemble adhère au fond de la casserole. Il suffit d'envoyer le courant dans l'ustensile, que l'on peut placer n'importe où, pour faire sauter une escalope dans toutes les règles.

Une plaque semblable, garnie de quelques traverses en saillie, constitue le gril électrique.

Quant au four, c'est un four ordinaire dont les quatre faces intérieures sont garnies d'une plaque chauffante. La faculté que l'on a de n'envoyer le courant que dans deux ou quatre plaques rend le réglage du feu très facile.

Notons que l'on s'est surtout préoccupé jusqu'ici d'obtenir une chaleur rapide et intense.

La casserole électrique peut donc être bonne pour les sautés, et le gril électrique semble préférable au gril à gaz : outre qu'il est d'entretien plus facile, on n'a pas à craindre, avec lui, le mauvais goût que communiquent souvent à la viande les produits de combustion d'un gaz mal épuré.

D'autre part, le prix de revient est moins élevé qu'on ne le suppose. C'est un cliché courant de répéter que la cuisson d'un bifteck ou d'une côtelette à l'électricité coûte plus cher que la viande elle-même. Il y a là une grande exagération. Tandis que nous payons le gaz aussi cher pour nous chauffer que pour nous éclairer, certains secteurs parisiens livrent à un prix très réduit les courants destinés à alimenter les appareils de cuisine ou de chauffage. Dans ces conditions, la cuisson d'un bifteck, au dire des électriciens, reviendrait à peu près à 5 centimes.

Pour les rôtis et la pâtisserie, le fourneau cité plus haut peut donner de bons résultats, mais la dépense est élevée. Quant aux braisés, qui exigent des cuissons lentes nos électriciens n'ont pas encore osé les aborder. Des raisons techniques rendent difficile la construction d'une casserole électrique donnant une chaleur douce sans une déperdition onéreuse du courant. Cependant le problème ne paraît pas insoluble et, le jour où l'on aura tourné la difficulté, l'électricité sera, même pour les cuissons lentes, bien supérieure au gaz qui, commode et pratique pour faire mijoter un pot-au-feu, est un très mauvais agent de cuisson pour les braisés, car, ou il chauffe trop, ou il s'éteint.

La bûche électrique

Que veut-on bien insinuer par cette dénomination singulière de *bûche électrique* ?

Et quelle est donc cette invention nouvelle ?

Il s'agit apparemment d'un procédé de chauffage par l'électricité, par le *fluide* « *à tout faire* », et la chose ne saurait nous laisser indifférents.

Sans doute, la bonne bûche primitive, qui illumine le home de sa vivante flambée, qui exhale peu à peu sa rustique substance en joyeux étincellements, n'aura jamais de rivale aux yeux de certains arriéristes, et le feu de bois sera toujours pour eux un des aimables sourires du foyer.

Mais le progrès vient à bout des plus légitimes résistances.

Et, d'ailleurs, dans nos entassements urbains, combien rares les privilégiés qui peuvent s'accorder le luxe d'un bûcher bien garni : Nous sommes, pour la plupart, réduits à subir l'encrassante obsession de la houille, à respirer le lourd et fumeux calorique issu de ces horribles masses noires qui se consument tristement sur les grilles de nos tristes logis.

Au demeurant, il est désagréable d'entretenir son feu et ses cheminées, comme il est agaçant d'entretenir ses lampes. Il y a, dans ces soins domestiques, une multitude de détails où l'ennuyeux et le sordide le disputent à l'antihygiénique, et dont une civilisation qui se pique de modernisme à outrance devrait nous avoir débarrassés depuis longtemps.

Nous rêvons la lumière et la chaleur idéales, sans aucune « transpiration » extérieure si peu nocive ou mal odorante soit-elle, sans « excrétion » ni résidu. Il nous faut un luminaire et un calorique se manifestant sur un signal de notre volonté sans travail de mise en œuvre ni d'entretien sans risque de gaspillage, sans danger d'incendie direct, et qui soient susceptibles d'un réglage rapide et facile au gré de nos besoins ou de nos désirs.

Seule, l'électricité réalise cette magie.

La lampe électrique, même si elle se montre un tantinet, plus dépensière que d'autres, s'impose à notre suffrage par les coquetteries de son installation et de sa manœuvre. Ce filament de métal ou de charbon, enfermé

dans sa minuscule et délicate prison de verre hermétique-
ment close, s'animant d'un éclat soudain lorsqu'on établit le contact en faisant tourner le commutateur qui
préside à l'amenée du fluide, s'éteignant par la suppression du contact, est insurpassable, je l'ai souvent noté.

Pour le chauffage, une pareille souplesse, une telle
simplicité de mise en train et de « stoppage » constituent
des anvantages merveilleux.

Par malheur, le fluide est encore cher, et, de plus, les
procédés de chauffage électrique ont jusqu'à ce jour
fourni de la chaleur obscure. Radiateurs de calorifères
et fourneaux de cuisine, tout est combiné pour emmaga-
siner et rayonner le calorique produit par le courant sans
que la moindre incandescence le trahisse aux regards :
c'est la réalité, sans l'illusion !

Et on regrette cette illusion, cette impression sugges-
tive du feu, de la bûche flambante.

L'invention nouvelle de la bûche électrique a voulu
nous conserver le plaisir de la vue, nous offrir une chaleur visible dégagée par l'incandescence d'une matière
spéciale.

L'électricité effraie beaucoup de gens : cette science
pleine de mystères effarouche les intelligences trop posi-
tives qui voudraient comprendre l'incompréhensible.

Tout n'est-il pas mystère autour de nous ? Nous n'expliquons rien, nous ne comprenons rien, ni le grain de blé qui germe, ni ce quelque chose qui « distille », de la bûche flambante et qui nous pénètre agréablement sous le nom de chaleur...

L'électricité, c'est un quelque chose produit soit par la pile ou l'accumulateur, soit par telle autre machine génératrice, qui circule en suivant un fil de conduite.

Si le fil de conduite présente, sur un point de son parcours, une portion de diamètre très fin, la circulation devient difficile en cet endroit : il y a du « tirage », du « frottement », et ce frottement détermine une éclosion de chaleur, comme dans la mécanique banale...

Le chauffage — et par suite aussi l'éclairage électrique — tient en entier dans cette idée.

Au lieu d'une portion de fil conducteur ordinaire de diamètre très fin, il est loisible d'interposer dans la conduite une baguette d'une substance particulièrement résistante par sa nature à la circulation du fluide : l'effet doit être pareil. C'est la solution de la bûche électrique.

La substance choisie est le silicium, principe de cette silice dont sont constitués nos modestes cailloux.

On pulvérise les cristaux de silicium, et de cette poudre on façonne des agglomérés très denses.

Les baguettes de silicium traversées par le courant deviennent incandescentes et l'aspect en est superbe : on les met au besoin sous un verre à l'intérieur duquel on a fait le vide, suivant le procédé en usage pour les filaments des lampes électriques, afin de les soustraire à l'action destructive de l'air et d'éviter les remplacements très fréquents.

Voilà les bûches électriques, adoptables à une foule de services industriels, domestiques et culinaire.

Le silicium était une de ces matières chimiques, issues du laboratoire savant, qui languissent comme curiosités de théorie : le voilà lancé dans une carrière industrielle !

Les « vieux » procédés de chauffage électrique emploient les fils métalliques fins. On est obligé de « noyer » ces fils dans un émail convenable qui fait corps, selon le cas, avec le radiateur du calorifère, avec la casserole de cuisine, etc., etc. On ne voit rien, nous le répétons, et les appareils ne sont pas indépendants. Enfin, si on règle mal le passage du fluide, si on dépasse la mesure, les fils sont brûlés et les appareils, très chers, sont à remplacer, car ils sont complètement hors d'usage.

Les bûches électriques se disposent aisément sur le passage du fluide, avec les combinaisons les plus diverses, pour constituer des appareils de chauffage indépendants qui permettent l'emploi des ustensiles et des installations qu'une douce et longue habitude a pour ainsi dire consacrés.

Casseroles aimées, fers de repassage classiques, fourneaux et cheminées où le regard caresse la vivifiante
image du feu !

Rien n'est changé avec *bûches électriques* de M. Le
Roy, arrangées, selon les circonstances, en conformité
des nécessités pratiques ou au gré des exigences capri-
cieuses le l'art.

Quels charmants foyers en perspective ! Combien nous
serons heureux de voir s'allumer ces puissantes florai-
sons d'incandescences, resplendissantes sœurs de ces
délicieuses fleurettes de lumière qui émaillent déjà si
poétiquement nos salles de spectacle, et nos étalages de
boulevards et qui sont faites pour éclairer doucement
l'intimité du home aussi bien que les splendeurs des cités
et des fêtes !

Espérons que les *bûches électriques* ne seront point
arrêtées dans leur brillant essor industriel par quelque
difficulté du détail technique ou par une irréductible
cherté qui les mettrait en situation inférieure de lutte
avec le charbon et le gaz.

LA GALVANOPLASTIE

La galvanoplastie est une des applications de l'électricité à l'industrie.

On appelle *Galvanoplastie* le procéde qui consiste à dé-

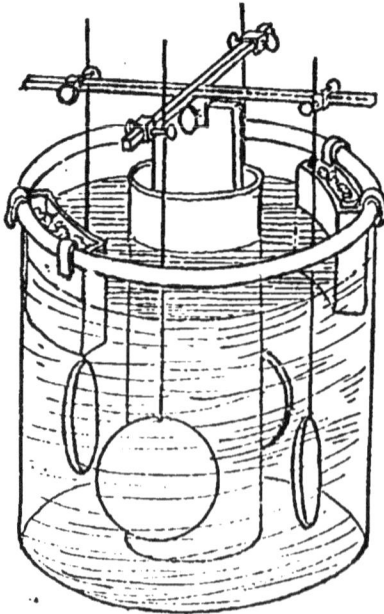

poser par l'action du courant électrique le métal contenu

dans une dissolution saline sur un corps faisant office de moule. Nous savons que si l'on soumet à l'action du courant, le sulfate de cuivre, par exemple, il se dédouble un métal qui se dépose sur l'électrode négative, en oxygène et acide sulfurique qui se porte sur l'électrode positive.

Prenons pour électrode négative une médaille que nous voulons recouvrir de cuivre. Le dépôt métallique s'effectuera molécule par molécule et recouvrira l'objet dans ses moindres détails ; l'opération terminée nous aurons un enduit contenu de cuivre donnant à la médaille un noùvel aspect. Il faut que le courant soit constant. Cette condition exige que la dissolution saline à travers laquelle le courant se propage en la décomposant se conserve au même point de saturation malgré le dépôt métallique qui s'opère sur l'électrode négative. C'est pour cela que l'extrémité du fil positif est munie d'une lame de cuivre. Sur cette lame de cuivre se portent l'oxygène et l'acide sulfurique provenant de la décomposition du sulfate de cuivre ; ainsi la quantité de sulfate de cuivre est toujours la même. Cette lame prend le nom *d'électrode soluble.* Enfin il faut que la liqueur saline soit acidulée avec de l'acide sulfurique, car à l'état neutre elle donnerait un dépôt cristallin.

QUELQUES CURIOSITÉS

Le cheval électrique

Sous ce titre de *Cheval Electrique*, le *Petit Journal* a donné récemment la description d'un nouvel engin destiné à faciliter et à améliorer considérablement le service de la batellerie sur le réseau fluvial de la France.

Au moment où il se produit un mouvement si important en faveur de la réalisation de grands projets, tels que *Paris port de mer*, *la Loire navigable*, *Navigation de Rouen à Marseille*, il nous a paru intéressant de faire connaître ce nouveau moteur, qui est dû à une application de l'Electricité et qui peut être appelé à rendre les plus grands services.

« Là où fonctionne le cheval électrique, il a victorieusement remplacé les chevaux de halage et les bourriquets. On le place le long des berges du canal après l'avoir relié par un trolley, suivant le mode des tramways électriques, à un conducteur électrique aérien qui s'adapte étroitement au tracé du cours d'eau et demande aux générateurs des stations le courant destiné à mettre en mouvement les dynamos.

La roue d'avant du chariot est en réalité la roue directrice, les deux autres constituent les roues motrices. L'arbre de la dynamo est représenté par une vis sans fin qui actionne une roue dentée faisant corps avec l'axe des roues motrices.

Le mécanicien est abrité à l'arrière des roues par une cabine en tôle ; il est fort commodément assis et dispose de son volant de manœuvre, de son tableau de distribution et de son frein.

La marche des péniches traînées par les chevaux était singulièrement lente. Les pauvres bêtes suaient sang et eau, essuyaient toutes les intempéries ; brûlées par le soleil d'été, ou trempées par les pluies d'automne ou décimées par le froid et la neige pendant l'hiver, et contractant le plus souvent le farcin qui ne fait pas grâce.

Désormais la traction se trouvera singulièrement accélérée, sans exposer le personnel à aucun accident, et, tout compte fait, il sera plus économique que le vieux système.

Ce n'est plus d'ailleurs à titre d'essai que le cheval électrique est présenté. Il y a déjà plus de trois ans qu'il est installé sur le canal de Bourgogne où il a rendu les plus précieux services. La vitesse normale est de 1,900 mètres à l'heure et on expérimente actuellement des perfectionnements qui accroîtront sa puissance de tirage.

Ce qui en rend la généralisation facile, c'est que nulle part l'énergie ne fait défaut puisqu'elle est fournie par les véritables chutes d'eau retenues par les écluses. Les canaux seront donc leurs propres fournisseurs de force hydraulique.

On voit quels avantages la batellerie est appelée à retirer d'un appareil qui, sans lui enlever rien de sa sécurité, communique à ses lourds transports une célérité beaucoup plus grande, une égalité toute mécanique et une économie certaine. »

Curieuse application médicale de l'électricité

On a, à compter dans le labeur industriel principalement, les petites parcelles métalliques, les *pailles*, qui vont

se loger entre l'œil et la paupière et qui peuvent engen-
drer de douloureuses conjonctivites :

Il ne manque pas de procédés « de bonne femme »
pour y remédier, tel que souffler dans l'œil, passer une
bague sur la cornée, retourner la paupière, etc... Le véritable moyen actuel, lequel réussit admirablement lorsqu'il
est pratiqué avec adresse, consiste à attirer la paille métallique avec un aimant ou mieux encore avec un électro-
aimant. *The Illustrated American* nous donne la description d'un dispositif installé dans ce but à l'hôpital spécial
pour les maladies des yeux et des oreilles de New-York.

L'électro-aimant que l'on emploie a un noyau de fer
doux de soixante centimètres de longueur sur sept centimètres et demi de diamètre ; il est terminé par des pièces
coniques à ses deux extrémités, un support permet de
l'élever, de l'abaisser et de le faire pivoter à volonté. C'est
le courant électrique servant à l'éclairage des bâtiments
de l'hôpital, qui excite à volonté l'électro-aimant.

Le malade est assis devant la pointe de l'appareil. Le
médecin lui prend la tête, découvre le globe de l'œil et le
promène dans tous les sens devant l'appareil. Au moment
ou la pointe passe devant la paille, celle-ci attirée par
l'électro-aimant vient se coller dessus et voilà le patient
délivrée. On n'a plus d'opération chirurgicale à faire que
dans le cas où la petite aiguille métallique ayant percé

la sclérotique est allée se loger dans la partie postérieure. Fort heureusement ces cas sont exceptionnels. Les philosophes ne manqueront pas aussi de faire remarquer aux électriciens que s'il est tant aisé de retirer une paille de l'œil de son voisin, on devrait bien combiner un appareil qui permette de retirer la poutre qu'il y a si souvent dans le leur. Mais ce serait sortir de notre sujet scientifique que d'envisager ces aspects de la question.

Le carillon électrique

Ne quittons pas ce sujet de l'électricité sans mentionner le très intéressant carillon électrique établi récemment en 1897 à la Gran-Chapel à New-York. C'est le dernier mot du carillon. Il fallait s'attendre à voir l'électricité entrer dans la question ; hâtons-nous de dire qu'elle y a fort bien réussi. Donc dans cette chapelle américaine où la science est en honneur, la même installation électrique commande le mouvement de l'horloge et la sonnerie du carillon. Le principe est très simple. Au dessous de chaque cloche est un électro-aimant circulaire au centre duquel est un noyau de fer doux. Quand le courant passe dans l'électro-aimant, le noyau est violemment attiré. Le battant de cloche relié au noyau par une chaîne glissant sur une poulie de renvoi vient frapper la cloche à chaque fermeture du circuit électrique. A cet effet des cylindres munis de pointes actionnent une série d'interrupteurs qui coupent le courant électrique en temps opportun.

Un clavier électrique spécial disposé comme celui d'un orgue permet aux virtuoses du carillon de jouer les variations les plus ardues sur les cloches de bronze. L'électricité asservie est décidément un sonneur modèle !

Les chapeaux de paille électriques

Les chapeaux de paille électriques devaient évidemment voir le jour aux Etats-Unis, les voilà ! L'*American Electrician* nous a décrit une magistrale fabrique de ce genre de couvre-chefs qui en produit huit cent douzaines par jour, deux cent cinquante mille par mois, trois millions de chapeaux par an ! Et ce n'est pas la seule de ce genre ! C'est à se demander où l'on trouve la paille nécessaire ? Mais là n'est pas la question.

Qu'est-ce que l'électricité a à faire avec les chapeaux de paille d'Italie américains ?

Eh bien ! Elle sert à chauffer : toute la fabrication des chapeaux de paille repose sur le chauffage. Pour élaborer les trois millions de chapeaux dont nous venons de parler, il faut vingt énormes fers chauds de chapeliers toujours bouillants, quinze petits fers, dix étuves à sécher la paille, six chaudières à colle, une douzaine de presses. En général, tout cela se chauffe au gaz ; mais ce genre de chauffage est coûteux ; le chauffage électrique a l'avantage de permettre de chauffer les appareils à volonté et d'en interrompre le chauffage instantanément. Quand on ne presse pas, quand on ne gauffre pas, quand on ne colle pas des chapeaux de paille, il est inutile de prodiguer les calories et de galvauder les kilowatts.

Il va sans dire que toute l'installation est fondée sur l'utilisation d'une chute d'eau. Les fabricants de chapeaux électriques ont barré à cet effet un affluent sans conséquence, de l'Hudson, la Fishkill aux environs de New-York, et c'est cet affluent qui fait tourner les machines électriques nécessaires.

Curieux accident causé par l'électricité

Nous avons déjà parlé des accidents arrivés par l'électricité. Un accident des plus bizarres s'est produit en novembre 1897 à Dublin, en Irlande.

Un jeune homme, M. Torpe, se trouvait dans le voisinage d'une lampe électrique, quand il éprouva un choc violent qui le jeta par t[...] re. Il se trouva alors complètement immobilisé, le courant passant par son corps, il ne put ni parler ni se mouvoir. En outre, il était en proie à des tortures atroces. Un passant qui voulait le soulever fut lui-même frappé par le courant et un second éprouva le même sort. Les trois malheureux, transformés contre leur gré en hommes torpilles, restèrent là devant une foule nombreuse qui faisait cercle autour d'eux, mais en se tenant, bien entendu, à distance respectueuse. Ce n'est qu'au bout de quelques temps qu'on pût arrêter le courant et transporter les malheureux dans un hôpital où ils ont été soignés.

L'électricité au théâtre

Les progrès de l'éclairage électrique ont porté dans ces dernières années les effets de lumière au théâtre jusqu'au dernier degré de la perfection.

Une des installations les plus remarquables avec celle de Bayreuth est la nouvelle installation de la *Monnaie*, de Bruxelles dont voici d'ailleurs une description détaillée :

La mécanique qui doit servir à régler la lumière électrique, pour tous les jeux d'éclairage colorés ou non est centralisée dans une espèce d'orgue.

Formé d'une série de grands volets en fonte assérés dans la muraille de deux tablettes toutes chargées de commutateurs pourvus de roues et de manivelles éclairés par une rangée de lampes « *témoins* » blanches, vertes et rouges, ce nouveau jeu mis en service est un appareil des plus ingénieux. Quoique moins important que celui de l'Opéra de Paris, peut-être n'existe-t-il aucun autre appareil pouvant donner des effets lumineux plus complets. Mais avant de décrire le fonctionnement de ce commutateur et de toute l'installation, il est peut-être utile de rappeler comment les appareils d'éclairage sont disposés sur la scène. On sait que celle-ci est disposée en « plans » des zones de planchers d'égale largeur raccordées par des trapillons. Les décors conçus pour être placés selon cette disposition doivent être éclairés plan par plan au moyen de la rampe d'abord des « *herses* » planant dans les frises des « *portants* » verticaux posés dans les coulisses ; enfin des traînées, ou rampes mobiles dissimulées dans les derniers plans pour illuminer les replis de terrain, le bas du rideau de fond, etc., ce qu'on appelle le jeu d'orgue permet d'allumer, d'éteindre lentement ou brusquement la rampe, les herses, les portants, les traînées soit partiellement soit ensemble ; d'opérer plusieurs changements de couleurs, enfin d'augmenter ou de diminuer à volonté l'intensité des lampes. Très difficile, on le conçoit, était le problème technique à résoudre. Pour varier la couleur de l'éclairage, il a fallu pouvoir chaque établissement, rampe, herse, portant, ou traînée, de plusieurs circuits. Ceux-ci peuvent être influencés séparément par leur commutateur propre placé dans les batteries des tablettes ou tous ensemble par marbre de commande générale.

La gradation et la dégradation de la lumière ont été obtenues au moyen de l'introduction dans les circuits de *rhéostats*, fils métalliques peu conducteurs qui font l'office de résistance. Lorsque toute la longueur d'un de ces fils est intercalée dans un circuit, les lampes sont absolument sombres ; cette résistance complètement supprimée, les lampes brillent avec le maximum d'éclat.

Les commutateurs permettent de fixer avec précision dans tout l'éclairage chacun des soixante-douze degrés de résistance. C'est ainsi que l'on arrive à une dégradation lente, presque imperceptible de la lumière. Selon le besoin de l'éclairage, les circuits peuvent être influencés par les *rhéostats* isolément par groupe formé à volonté ou tout ensemble au moyen d'un arbre de commande générale. Une autre exigence de « luminarisme » tout aussi impérieuse a pu être satisfaite encore : il importait que l'on pût préparer à l'avance certains changements, et cela sans rien modifier à l'éclairage du moment. La seconde mise en scène de *Samson et Dalila* a démontré toute l'utilité de cette ingénieuse disposition et la perfection du résultat obtenu. Quand la toile se lève au deuxième acte sur la demeure de Dalila, l'éclairage au moyen de lampes bleues donne l'illusion d'une nuit claire et poétique. Il s'assombrit graduellement jusqu'à une nuit profonde. Le chef luminariste du théâtre obtient cette dégradation en tournant de temps à autre à la roue qui commande l'arbre des *rhéostats*. Mais tandis qu'il accomplit cette manœuvre, il dispose les commutateurs rangés sur la tablette pour obtenir au moment précis, à la réplique présentée sur son livret les éclairs qui dramatisent la fin de l'acte.

L'orage approche ; le premier éclair doit être effectué à l'aide de lampes d'une seule herse, les autres en employant les feux de deux, trois, quatre, enfin des six herses. Et en un tour de manivelle, avec une exactitude mathématique, le chef luminariste lance sur la scène l'intensité de lueur électrique nécessaire à l'illusion. Superbe de vérité est aussi l'effet de lumière obtenu au premier acte de *Samson et Dalila*, où la nuit fait place avec toutes les gradations de la réalité à un soleil resplendissant. La passerelle des luminaristes est située en avant du manteau d'arlequin qui la masque en partie.

Debout dans leur retraite culminante, les yeux fixés sur *un livret* et l'ouïe attentive à la musique, les luminaristes attendent silencieux le moment précis de charger l'éclairage de la façon que nous venons de dire.

L'éclairage électrique à Paris

Les voies publiques et les établissements municipaux, éclairés à l'électricité à Paris ne sont pas aussi nombreux qu'on le croirait de prime abord. M. Ch. de Tavernier, l'éminent ingénieur en chef de la « Ville lumière » vient de publier, à ce sujet, un rapport des plus complets ; l'*Industrie électrique* a pu, grâce à son autorisation, en extraire quelques passages, auxquels nous empruntons, à notre tour, les renseignements intéressants qui vont suivre.

Actuellement, les voies publiques, éclairées par des lampes à arc, sont la place du Carrousel, la ligne des grands boulevards, de la Madeleine au boulevard Bonne-Nouvelle, la rue Royale, la rue Saint-Lazare, l'avenue de Clichy, les boulevards Ornano et Barbès, les quais Jemmapes et Valmy, le boulevard de la Villette, ainsi que les berges du bassin. Les galeries du Palais-Royal sont éclairées par des lampes à incandescence. A cette nomenclature doit s'ajouter, dans un avenir plus ou moins prochain, le carreau des Halles, la place de Roubaix, l'avenue de Clichy, le parc du Champ-de-Mars, le square de la Tour-Saint-Jacques, le Jardin des Tuileries et le Carrousel.

L'éclairage est fourni par des usines spéciales ou par diverses sociétés concessionnaires.

Les établissements municipaux, éclairés électriquement, sont au nombre de sept ; cinq d'entre eux ont une usine spéciale de production ; ce sont l'Hôtel de Ville, les Halles centrales, le Champ de Mars, les entrepôts de Bercy, les abattoirs et le marché de la Villette ; les deux autres, c'est-à-dire la Bourse du travail et le poste de pompiers de la rue Jeanne-d'Arc, sont abonnés à des sociétés particulières.

Parmi les promenades, trop peu nombreuses encore, qui sont éclairées à l'électricité, nous mentionnerons le parc Monceau, le parc des Buttes-Chaumont et les quare des Batignolles.

L'éclairage électrique des voies publiques a coûté à la Ville, en 1893, environ 430,000 francs, et celui des promenades environ 72,000 francs.

Quant aux stations centrales d'énergie électrique, existant au 31 décembre 1893, elles seraient, d'après le rapport de M. Ch. Tavernier, au nombre de six : elles auraient desservi près de 45,000 abonnés, et leur produit brut en francs dépasserait 5,600,000 francs.

On ne peut contester le magnifique aspect des grandes voies éclairées à l'électricité ; c'est une lumière un peu glaciale peut-être, dont la blancheur éblouit, mais qui permet de circuler à l'aise sur des boulevards ou des quais dont l'accès était autrefois sinon dangereux, du moins très difficile et l'on ne saurait trop féliciter nos ingénieurs de l'extension qu'ils se proposent de donner à 'éclairage électrique.

LA DÉCOUVERTE D'UN PROFESSEUR DE L'INSTITUT CATHOLIQUE DE PARIS

Nous avons parlé dans le courant de ce livre, de la *Télégraphie électrique sans fil conducteur*...

Donnons ici, d'après le docteur P. Maisonneuve, des renseignements tout récents qui nous montrent que la gloire d'une des grandes découvertes de la science contemporaine est due à un professeur de l'Institut Catholique de Paris.

Aujourd'hui, dit M. le docteur P. Maisonneuve, notre savant ami et confrère, la télégraphie vient d'entrer dans une voie nouvelle, et M. Marconi a pu, à l'aide d'un dispositif nouveau, établir des communications entre un appareil envoyeur et un appareil récepteur, distants de 20 kilomètres, sans l'interposition entre eux du moindre fil métallique.

Il nous est agréable de proclamer que cette intéressante

application de l'électricité a pour point de départ les travaux du professeur de physique de l'Institut catholique de Paris, M. Edouard Branly. C'est à ce maître éminent qu'en bonne justice la gloire de la découverte doit être rapportée. L'ingénieuse application que M. Marconi a tirée du principe posé par M. Branly ne doit pas faire oublier que la principale part revient à celui-ci.

En quoi donc consiste la découverte du professeur de l'Institut catholique?

Elle repose sur la résistance que présentent au passage des courants électriques les métaux réduits en poudre.

On forme, écrit M. Branly, un circuit comprenant un élément de pile, un galvanomètre et une poudre métallique; cette poudre est versée dans un tube en ébonite d'un centimètre de section environ et de quelques centimètres de hauteur. Deux tiges cylindriques de cuivre, en contact avec la limaille métallique, ferment les extrémités du tube et établissent la communication avec le reste du circuit. Si la limaille est suffisamment fine, le courant paraît complètement arrêté, même avec un galvanomètre très sensible. C'est en millions d'ohms qu'il faut exprimer la résistance, alors que le même métal, aggloméré par fusion ou par une très forte pression, n'offrirait qu'une résistance d'une fraction d'ohm.

Au lieu de poudres métalliques, M. Branly emploie e n

core avec les mêmes résultats diverses limailles agglutinées sous forme de pastilles ou de lamelles au moyen de substances isolantes, telles que de la résine, de la gomme laque, des baumes, du collodion, du celluloïd, etc. Ces substances, placées dans le tube entre les électroïdes, peuvent être, au moyen d'une vis de pression, serrées plus ou moins les unes contre les autres, de façon à faire varier à volonté leur pouvoir conducteur, qui est nul quand elles ne sont pas comprimées et qui se manifeste et s'accentue à mesure que la pression augmente.

Les choses étant de la sorte disposées et aucun courant ne passant dans le circuit, comme le prouve l'aiguille du galvanomètre qui reste au O, si l'on fait éclater à quelque distance, soit à 10, 15, 25 mètres, la décharge d'une bouteille de Leyde ou d'une machine électrique munie de son condensateur, on voit aussitôt l'aiguille du galvanomètre s'écarter de sa position d'équilibre, indiquant ainsi que le courant passe.

Mais, chose curieuse, on constate alors qu'il ne s'agit pas là d'une action passagère, car l'aiguille du galvanomètre reste déviée, sous la simple action de la pile qui fait partie du circuit.

La résistance opposée par la limaille a donc été vaincue d'une façon définitive; et tandis qu'elle résistait, avant la décharge électrique qui en a eu raison, à plusieurs millions d'ohms, elle ne fait plus opposition maintenant qu'à quelques centaines d'ohms, que suffit à surmonter la pile du circuit.

La conductibilité constatée sous l'action de la décharge électrique persiste plus ou moins longtemps, jusqu'à vingt-quatre heures et plus. Mais on a le moyen de les faire cesser instantanément. Il suffit pour cela d'un choc, d'un coup de marteau, frappé dans le voisinage du récipient de la poudre métallique. La trépidation qui en résulte replace les choses dans les conditions où elles se trouvaient au début de l'expérience. Aussitôt l'aiguille du galvanomètre revient au O, indiquant ainsi qu'aucun courant ne passe plus. Le choc doit être d'autant plus fort que l'action électrique que l'on a mise en jeu a été plus puissante. Si, au contraire, l'action électrique a été faible, la simple trépidation produite par la marche dans l'appartement où se fait l'expérience suffit à ramener les choses au point de départ.

Ainsi donc, d'après les expériences qui viennent d'être rappelées, on a la faculté d'envoyer un courant dans un appareil éloigné et d'interrompre ce courant à volonté.

Plaçons, dit le docteur Tison, dans une étude qu'il a publiée sur ce sujet dans l'*Actualité Médicale* du 15 décembre dernier, plaçons à une certaine distance de Paris, au Mont-Valérien, pour fixer les idées, un appareil ré-

cepteur de Morse, en communication avec une sonnerie,
un appareil à marteau pour le choc et une pile de relais.
A côté, plaçons un tube à limaille ou une pastille dans
le circuit d'une pile reliée à un galvanomètre disposé de
telle façon que lorsqu'elle sera déviée par un courant,
l'aiguille vienne former le circuit de la pile de relais.
A l'intérieur d'un laboratoire, distant de plusieurs kilomètres, disposons une bobine de Rhumkorff munie d'un
dispositif permettant de produire des étincelles donnant
des ondulations de haute fréquence pendant un temps
soit très court, soit d'une certaine durée.

Les choses étant ainsi disposées, tirons une étincelle
de la bobine de Rhumkorff. Aussitôt, le tube à limailles
placé au Mont-Valérien laisse passer le courant de la
pile, et l'aiguille du galvanomètre se dévie en fermant le
circuit de la pile de relais. Immédiatement, la sonnerie se
fait entendre, et le récepteur marche en traçant un point
sur le papier. Mais, aussitôt, le marteau produit un choc
près du tube à limaille, et le courant ne passe plus. Si
au lieu d'une seule étincelle, nous en avions tiré une série de trois ou quatre, le courant eût passé un peu plus
longtemps dans l'appareil du Mont-Valérien, et le récepteur eût marqué un trait. Nous pouvons donc, à volonté,
reproduire l'alphabet Morse et correspondre sans fils.

Il va sans dire que la bobine de Rhumkorff ferait

marcher un nombre infini d'appareils disposés de la même façon que celui du Mont-Valérien. Il est encore évident qu'à l'aide d'un dispositif convenable placé près d'une torpille, on pourrait avec la même étincelle faire sauter un engin situé à une certaine distance et sans l'intermédiaire d'aucun fil.

En somme, les applications seront multiples et toutes auront pour point de départ la propriété découverte par M. Edmond Bouly, à savoir que les *poudres métalliques sont susceptibles*, suivant des circonstances déterminées, *de conduire ou de ne pas conduire l'électricité.*

QUELQUES AMUSANTES EXPÉRIENCES
D'ÉLECTRICITÉ

La Danse des Pantins.

Voici sur quoi repose cette expérience ou plutôt ce jeu très amusant.

Mettez sur une table, à quelque distance l'un de l'autre, deux gros livres. Puis, placez sur ces deux volumes un carreau de vitre, un verre plat ordinaire que vous ferez reposer sur les livres par deux de ses bords opposés.

Puis, au-dessous du carreau de vitre, mettez à même la table des corps assez légers, tels que : barbes de plumes, balles en moelle de sureau, morceaux de papiers, brimborions de bouchon, etc.

Maintenant, prenez un morceau de laine que vous avez eu préalablement bien soin de faire chauffer devant le feu, puis, frottez avec votre carreau de verre de manière à l'électriser, (ainsi que nous l'avons d'ailleurs expliqué au commencement de ce volume.

Vous voyez alors tous les petits objets qui sont sur la table sauter dessus cette dernière, aller vers le verre où ils sont attirés, retomber ensuite sur la table, puis sauter de nouveau, en résumé, se livrer à une danse mouvementée et curieuse.

Si vous voulez bien fabriquer vous-même, — ce qui est très facile, — de petits bonshommes et de petites bonnes femmes en moelle de sureav, et que vous les mettiez sur la table à la place des petits objets, ci-dessus indiqués, vous vous trouverez alors, après l'électrisation du verré, en présence d'un véritable bal des plus animé et des plus amusants.

C'est sous le nom de *Danse des Pantins* que cette expérience est connue en électricité.

Les Deux Dés.

Il est possible — et cela facilement — d'utiliser la *Danse des Pantins* dont nous venons de parler en faisant un jeu nouveau.

Et cela, qui est très amusant, n'offre d'ailleurs aucune difficulté.

Voici, comment il faut procéder :

Vous découpez dans de la moelle du sureau — corps très léger comme on le sait, — deux petits cubes de grandeur exactement pareille, vous y marquez au moyen d'une plume et de l'encre, des points noirs et vous avez ainsi deux petits dés à jouer ordinaires, en moelle de sureau au lieu d'être en os ou en ivoire, et c'est là, la seule différence. Vous prenez une de ces petites boîtes à couvercle de verre dans lesquelles on met des petites merceries ou des petits ménages de poupées.

Avec le petit chiffon de laine chauffé, dont nous avons parlé précédemment, vous frottez le dessus du couvercle en verre. Vous l'électrisez par ce moyen et alors vous voyez les deux dés en moelle de sureau qui sautent très vivement et viennent se coller contre le couvercle en verre de la boîte.

Vous avez là un moyen original et amusant de faire une partie de dés avec l'un de vos amis. De plus, il vous sera facile de l'attraper et de vous moquer de lui agréablement.

Pour cela, vous dites à votre ami de vouloir bien avoir l'obligeance d'additionner les points qui sont marqués par les dés, puis, vous attendez une demi minute et sans avoir aucunement touché la boîte, vous lui dites qu'il a mal compté, qu'il devrait retourner à l'école, car il ne sait pas additionner. Vous lui montrez, par exemple, qu'au lieu de 6 et 2 qui donnaient 8, le point est devenu 1 et 4, qui ne donnent plus que 5, pourtant vos deux dés sont toujours bien collés contre le verre, et cependant personne, pas même vous, n'y a touché.

L'instant d'après, c'est un nouveau point qui se présente de lui-même, et cela va toujours ainsi pendant assez longtemps.

Vous comprenez facilement ce qui s'est passé : la face du dé qui est en contact avec le verre du couvercle perd peu à peu son adhérence, elle s'en détache, mais le dé en moelle de sureau reste un moment collé par son arête; c'est alors le tour de la face voisine du petit dé qui est vivement attirée par le couvercle en verre électrisé, et le dé, oscillant autour de son arête attachée, vient s'y coller par sa face voisine. Ainsi s'explique l'amusant changement des points qui intrigue fort votre partenaire que vous avez envoyé à l'Ecole apprendre à compter, à additionner.

L'ombre électrique.

Voici une troisième amusante expérience qui a les mêmes principes que les précédentes.

Prenez deux volumes d'épaisseur égale, par exemple,

de 2 à 3 centimètres et posez-les à plat sur une table à distance l'un de l'autre.

Vous prenez, ainsi que dans la première expérience, un morceau de vitre, un carreau de verre. Vous posez les bords opposés sur les deux volumes, après avoir eu soin de répandre à même la table, entre les deux livres, une certaine quantité de poudre de liège.

Cette poudre est d'ailleurs facile à obtenir en limant un bouchon ordinaire au moyen d'une fine lime.

Ainsi que précédemment, d'ailleurs, vous prenez un morceau de laine séché et chauffé devant le feu et vous en frottez la partie supérieure du carreau de verre.

Naturellement, la vitre s'électrise et vous voyez la poudre de liège qui sautille de la table contre le verre.

Si vous vous arrêtez de frotter, vous voyez alors la poudre de liège retomber peu à peu sur la table, car elle n'est plus attirée.

Nous allons maintenant vous donner le moyen de transformer cette expérience en mystérieux et curieux phénomène.

Pour cela, avant de le montrer à vos petits amis, à vos spectateurs ; vous   , puis, vous faites remarquer à vos spectateurs, à vos amis intrigués, que ce verre est bien tout à fait transparent et qu'il ne montre pas d'ombre sur le mur qui sert d'écran.

Alors, vous reprenez votre verre, et le placez sur les deux volumes, le côté glycériné en dessous, et vous frottez avec le morceau de flanelle comme nous vous l'avons dit plus haut. Voici alors ce qui arrive : sous l'influence de l'électricité, la poudre de liège sautera contre le verre, et sa face intérieure se trouvera recouverte de cette poudre fine.

Alors, après avoir placé la vitre verticalement, vous soufflerez dessous, la poudre s'en ira, sauf celle qui sera attachée aux endroits où se trouve la glycérine et formera alors un dessin.

Vous mettrez le carreau entre la lampe et le mur et vous aurez alors un dessin, formé par la poudre qui s'est tracée en secret sur votre verre à vitre, un dessin quelconque ; une fleur, une église, un personnage, etc., au moyen d'un pinceau que vous avez préalablement trempé dans de la glycérine.

Vous prenez ensuite votre verre ainsi secrètement préparé ; vous le placez entre votre lampe et la muraille qui doit vous servir d'écran, — comme si vous alliez faire une expérience avec une lanterne magique attachée alors apparaîtra ou une ombre aux yeux ébahis de vos spectateurs, de vos amis étonnés.

CONCLUSION

Personne, à l'heure actuelle, n'oserait certainement soutenir que l'Humanité, sous la direction
du Créateur, ne marche pas de progrès en progrès.

Qui eût dit, il y a seulement une quarantaine d'années,
que nos rues et nos demeures seraient éclairées et chauf-
fées à l'électricité, que nos véhicules seraient mûs,
éclairés et chauffés aussi par elle, que nous ferions même
la cuisine à l'électricité ?

C'est que Dieu dans sa Sagesse infinie veut que chaque
belle conquête de la Science soit marquée par un travail personnel, par un effort humain, par une lutte contre
la faiblesse de l'homme, par le triomphe de l'intelligence,
ce don si précieux qu'Il nous a fait.

Mais ne nous enorgueillissons pas de nos découvertes,
faisons-les remonter vers l'Auteur de tout bien. Nous ne
créons rien, nous découvrons simplement des choses qui,

momentanément cachées à nos regards existent, parc e
qu'elles ont été créées auparavant par des mains divines ;
puis après avoir découvert nous appliquons les règles
scientifiques déjà connues. L'homme ici-bas fait preuve
d'intelligence et c'est tout ce qu'il peut faire.

Le véritable savant ne se laisse pas éblouir par les
bouffées de l'orgueil qui peuvent monter à son cerveau.

Il sait parfaitement qu'aux yeux du Créateur il est un
plus grand débiteur puisque, ayant reçu beaucoup plus de
lui, il lui doit davantage. Plus l'homme aura le senti-
ment de son néant et de sa faiblesse, plus Dieu l'aidera
à approfondir des mystères et à résoudre des problèmes
ardus. Qui sait ce que le xxᵉ siècle nous réserve ? Ou-
vriront-ils les yeux enfin, tous ces incrédules qui ne
veulent croire que *ce qu'ils voient*, quand tout dans
l'ordre physique est mystère pour eux, et autour d'eux ?
Combien croient à l'électricité sans y rien comprendre !
Et ce sont des *esprits forts* ceux qui se rient des mystères
de la religion, mystères autrement insondables et incom-
préhensibles que ce fluide magnétique que personne ne
voit et qui pourtant existe, si bien qu'il frappe de mort
l'imprudent qui met son corps en contact avec lui.

TABLE DES MATIERES

Saint-Amand (Cher). — Imp. DESTENAY Bussière Frères.

4

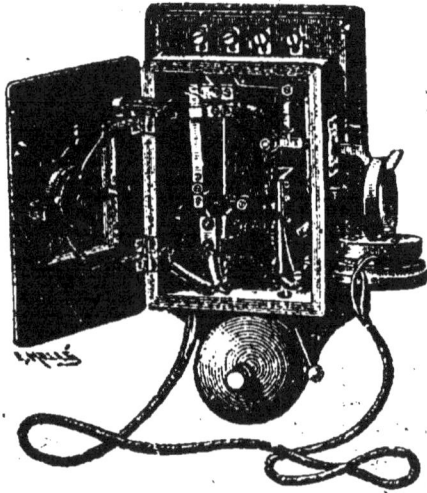

Téléphone Champion

www.ingramcontent.com/pod-product-compliance
Lightning Source LLC
Chambersburg PA
CBHW070257200326
41518CB00010B/1817